液压传动技术

主　编　杨林建　李松岭
副主编　程国仙
参　编　郑艳萍　王　刚　张仕勇　黄彦博
主　审　李选华

北京理工大学出版社
BEIJING INSTITUTE OF TECHNOLOGY PRESS

内容简介

本书根据中等职业教育培养目标和教学特点编写而成，主要包括液压传动基础、液压动力元件、液压执行元件、液压控制调节元件及液压基本回路等内容。突出工学结合、大国工匠案例、技能实训环节、课堂教学笔记等。本书强调对学生动手能力的培养，注重现场实际问题的分析和具体解决方案的选定，具有一定的科学性和先进性。

本书注重培养学生的实操技能，注重讲好大国工匠故事；部分内容采用活页式（手册）教材方式编写；教材内容引入数字化教学资源；本书由校企合作共同开发，采用 GB/T 786.1—2009 最新标准，同时在附录里将新旧两种标准进行对比。

本书可作为中等职业技术院校机电类和近机类专业的教材，也可作为职工大学、成人高校教学用书，还可作为相关工程技术人员的参考资料。

图书在版编目（CIP）数据

液压传动技术 / 杨林建，李松岭主编. --北京：北京理工大学出版社，2021.8
ISBN 978-7-5763-0104-5

Ⅰ.①液… Ⅱ.①杨… ②李… Ⅲ.①液压传动 Ⅳ.①TH137

中国版本图书馆CIP数据核字（2021）第150878号

出版发行 / 北京理工大学出版社有限责任公司
社　　址 / 北京市海淀区中关村南大街5号
邮　　编 / 100081
电　　话 /（010）68914775（总编室）
（010）82562903（教材售后服务热线）
（010）68944723（其他图书服务热线）
网　　址 / http：//www.bitpress.com.cn
经　　销 / 全国各地新华书店
印　　刷 / 定州市新华印刷有限公司
开　　本 / 889毫米 × 1194毫米　1/16
印　　张 / 12.5
字　　数 / 211千字
版　　次 / 2021年8月第1版　2021年8月第1次印刷
定　　价 / 36.00元

责任编辑 / 陆世立
文案编辑 / 陆世立
责任校对 / 周瑞红
责任印制 / 边心超

前言

液压传动技术近几十年的发展非常迅猛，随着液压元件制造技术水平的进一步提高，液压传动不仅在传动方面地位日益突出，而且在机械控制方面也越来越重要。尤其在电子技术、计算机控制日益发展的今天，液压传动技术已渗入到各个科学领域，进入了一个新的发展阶段。液压传动技术是一门融合了机械传动与设计、控制工程、电气控制等学科知识，并涉及各种机械传动和自动控制的学科。

本书在总体框架上体现简明、实用的特点，遵循中等职业教学规律，内容深入浅出，通俗易懂。在讲授必需的液压传动基本概念与基本原理的同时，突出理论知识的应用，注重加强对学生的工程实践能力的培养，突出液压技术实例的讲解以及液压系统故障诊断与排除的分析，以体现职业教育的特色。本书在编写过程中突出以下特点。

1）将课程施政目标和元素融入教材教学全过程。

2）注重培养学生的实操技能，注重讲好大国工匠故事。

3）部分内容采用活页式（手册）教材方式编写。

4）教材内容引入数字化教学资源；校企合作共同开发教材。

5）注重应用能力的培养，突出对学生实操技能的训练，在训练过程中将理论知识与实际应用融合，真正做到教、学、做相结合。

6）教材采用GB/T 786.1—2009最新标准，同时在附录里将新旧两种标准进行对比。

本书在编写内容上做了大胆的取舍，在理论知识方面舍弃了实际工作岗位上极少用到的液压系统设计等内容，而仅保留了必需的液压传动基础知识、元件结构和简单原理的阐述；在实用技术方面，增加了工作现场中较多用到的液压元件与系统的安装调试、故障分析与排除方法等内容，拓展了液压设备的安装调试与维护等现场实用知识，使理论知识与实际工作密切结合。

本书汲取了当前科学技术和制造业技术的发展在液压技术领域的新成果，反映了液压领域技术发展的新动向，为学生了解液压技术的最新发展动态，将来在实际工作中适应日益发展的液压技术打下基础。

本书既可作为中等职业学校、高级技校、技师学院的机械、电气、汽车等专业的液压传动类课程的教学用书，也可作为高等职业专科院校、职工大学、成人高校的教学用书，还可作为相关工程技术人员的参考用书及自学材料。

本书由四川工程职业技术学院杨林建教授和德阳安装技师学院李松岭任主编，广东省机械技师学院程国仙任副主编，由李选华主审。参加编写的人员还有成都技师学院郑艳萍，沐川县中等职业学校王刚，德阳东汽电站机械制造有限公司张仕勇、黄博彦。

全书由杨林建教授统稿和定稿。在本书的编写过程中，作者参考了很多相关资料和书籍，并得到了有关院校的大力支持与帮助，在此一并表示感谢！

由于编者水平有限，编写时间仓促，书中错误和不妥之处在所难免，恳请广大读者批评指正。编者联系邮箱：810372283@qq.com。

编　者

目录

绪 论

用液体作为工作介质来实现能量传递的传动方式称为液体传动。液体传动按其工作原理的不同分为两类：主要以液体动能进行工作的称为液力传动（如离心泵、液力变矩器等）；主要以液体压力能进行工作的称为液压传动。后者是本书所要讨论的内容。

0.1 液压传动的工作原理

图 0–1 所示为液压千斤顶的工作原理示意图，我们可以用它来说明液压传动的工作原理。图中大小两个液压缸 6 和 3 的内部分别装有活塞 7 和 2，活塞和缸体之间保持一定的配合关系，不仅活塞能在缸内滑动，而且配合面之间又能实现可靠的密封。当用手向上提起杠杆 1 时，小活塞 2 就被带动上升，于是液压缸 3 的下腔密封容积增大，腔内压力下降形成部分真空，这时钢球 5 将所在的通路关闭，油箱 10 中的油液就在大气压的作用下推开钢球 4 沿吸油孔道进入小缸的下腔，完成一次吸油动作。接着，压下杠杆 1，小活塞下移，小缸下腔的密封容积减小，腔内压力升高，这时钢球 4 自动关闭了油液 10 流回油箱的通路，小缸下腔的压力油就推开钢球 5 挤入液压缸 6 的下腔中，推动大活塞。往复地提压杠杆 1，就可以使重物不断升起，达到顶起重物的目的。若将放油阀 9 旋转 90°，则在物体 8 的自重作用下，大缸中的油液流回油箱，活塞下降回原位。

液压千斤顶结构

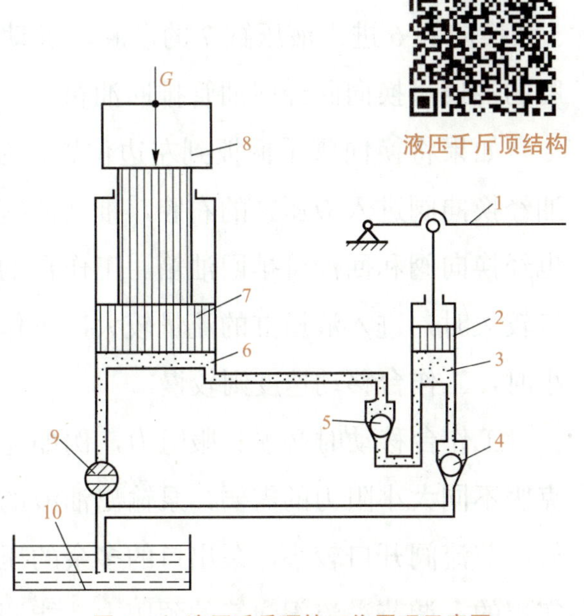

图 0–1　液压千斤顶的工作原理示意图

从此例可以看出，液压千斤顶是一个简单的液压传动装置。分析液压千斤顶的工作过程，可知液压传动是依靠液体在密封容积变化中的液压能实现运动和动力传递的。液压传动装置本质上是一种能量转换装置，它先将机械能转换为便于输送的液压能，后又将液压能转换为机械能做功。

0.2 液压传动系统的组成及图形符号

图 0-2 所示为一台简化了的机床工作台液压传动系统示意图。我们可以通过它进一步了解一般液压传动系统应具备的基本性能和组成情况。

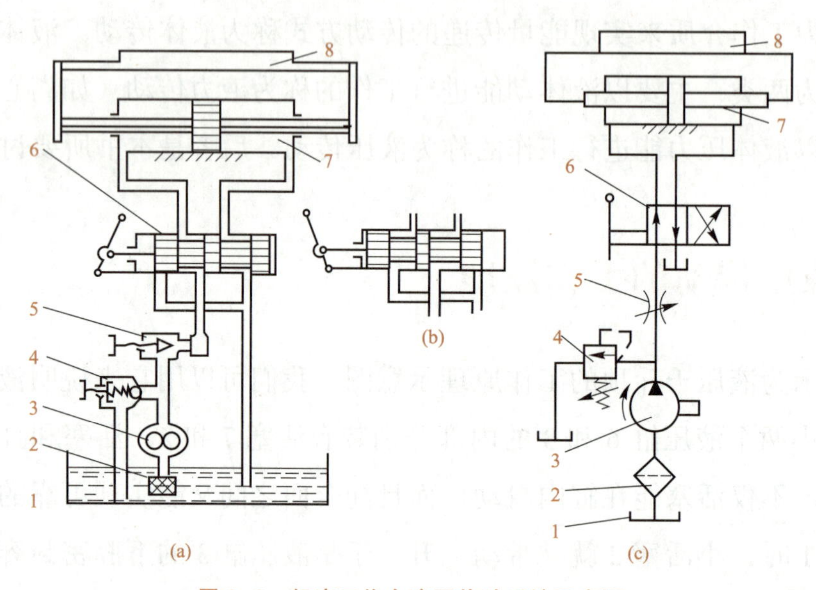

图 0-2 机床工作台液压传动系统示意图

图 0-2（a）中，液压泵 3 由电动机（图中未示出）带动旋转，从油箱 1 中吸油。油液经过滤器 2 过滤后流往液压泵，经泵向系统输送。来自液压泵的压力油流经节流阀 5 和换向阀 6 进入液压缸 7 的左腔，推动活塞连同工作台 8 向右移动。这时，液压缸右腔的油通过换向阀经回油管排回油箱。

如果将换向阀手柄扳到左边位置，使换向阀处于图 0-2（b）所示的状态，则压力油经换向阀进入液压缸的右腔，推动活塞连同工作台向左移动。这时，液压缸左腔的油也经换向阀和回油管排回油箱。工作台的移动速度是通过节流阀来调节的。当节流阀开口较大时，进入液压缸的流量较大，工作台的移动速度也较快；反之，当节流阀开口较小时，工作台移动速度则较慢。

工作台移动时必须克服阻力，例如克服切削力和相对运动表面的摩擦力等。为适应克服不同大小阻力的需要，泵输出油液的压力应当能够调整；另外，当工作台低速移动时，节流阀开口较小，泵出口的多余的压力油也需排回油箱。这些功能是由溢流阀 4 来实现的，调节溢流阀弹簧的预压力就能调整泵出口的油液压力。多余的油在相应压力下打开溢流阀，经回油管流回油箱。

从上述例子可以看出，液压传动系统由以下五个部分组成。

1）动力元件。动力元件即液压泵，它将原动机输入的机械能转换为流体介质的压力能，其作用是为被压系统提供压力油，是系统的动力源。

2）执行元件。指液压缸或液压马达，它是将液压能转换为机械能的装置，其作用是在压力油的推动下输出力和速度（或力矩和转速），以驱动工作部件。

3）控制元件。包括各种阀类，如上例中的溢流阀、节流阀、换向阀等。这类元件的作用是用以控制液压系统中油液的压力、流量和流动方向，以保证执行元件完成预期的工作。

4）辅助元件。包括油箱、油管、过滤器以及各种指示器和控制仪表等。它们的作用是提供必要的条件，使系统得以正常工作和便于监测控制。

5）工作介质。工作介质即传动液体，通常称为液压油。被压系统就是通过工作介质实现运动和动力传递的。

在图 0-2（a）中，组成液压系统的各个元件是用半结构式图形画出来的。这种图形直观性强，较易理解，但难于绘制，系统中元件数量多时更是如此。在工程实际中，除某些特殊情况外，一般都用简单的图形符号来绘制液压系统原理图。对于图 0-2（a）所示的液压系统，采用国家标准 GB/T 786.1—2009 规定的液压图形符号绘制，其系统原理图如图 0-2（c）所示。图中的符号只表示元件的功能，不表示元件的结构。使用这些图形符号，可使液压系统图简单明了，便于绘制。国家标准 GB/T 786.1—2009 液压图形符号见本书附录 A。

0.3 液压传动的优缺点及应用

0.3.1 液压传动的优点

液压传动与其他传动方式相比较，主要有如下优点。

1）液压传动能方便地实现无级调速，调速范围大。

2）在相同功率情况下，液压传动能量转换元件的体积较小，重量较轻。

3）工作平稳，换向冲击小，便于实现频繁换向。

4）便于实现过载保护，而且工作油液能使传动零件实现自润滑，故使用寿命较长。

5）操纵简单，便于实现自动化。特别是和电气控制联合使用时，易于实现复杂的自动工作循环。

6）液压元件易于实现系列化、标准化和通用化。

0.3.2 液压传动的主要缺点

液压传动与其他传动方式比较，主要有如下缺点。

1）液压传动中的泄漏和液体的可压缩性使传动系统无法保证严格的传动比。

2）液压传动有较多的能量损失（泄漏损失、摩擦损失等），故传动效率不高，不宜用于远距离传动。

3）液压传动对油温的变化比较敏感，不宜在很高和很低的温度下工作。

4）液压传动出现故障时不易找出原因。

总的来说，液压传动的优点是十分突出的，它的缺点将随着科学技术的发展而逐渐得到克服。

0.3.3 液压传动的应用和发展

液压传动相对于机械传动来说，是一门较新的技术。如果从 1795 年世界上第一台水压机诞生算起，液压传动已有 200 多年的历史。然而，液压传动的真正推广使用却是近 60 多年的事情。特别是 20 世纪 60 年代以后，随着原子能科学、空间技术、计算机技术的发展，液压技术也得到了很大发展，已渗透到国民经济的各个领域之中，在工程机械、冶金、军工、农机、汽车、轻纺、船舶、石油、航空和机床工业中，都得到了普遍的应用。当前，液压技术正向高压、高速、大功率、高效率、低噪声、低能耗、经久耐用、高度集成化等方向发展；同时，新型液压元件的应用，液压系统的计算机辅助设计、计算机仿真和优化、微机控制等工作，也日益取得显著的成果。

我国的液压工业开始于 20 世纪 50 年代，其产品最初应用于机床和锻压设备，后来又用于拖拉机和工程机械。自 1964 年开始从国外引进液压元件生产技术，同时自行设计液压产品以来，我国的液压元件生产已形成系列，并在各种机械设备上得到了广泛的使用。目前，我国机械工业在认真消化、推广从国外引进的先进液压技术的同时，大力研制开发国产液压件新产品，如中高压齿轮泵、比例阀、叠加阀及新系列中的高压阀等。不断加强对产品质量可靠性和新技术应用的研究，积极采用国际标准和执行新的国家标准，合理调整产品结构，对一些性能差的不符合国家标准的液压件产品（如中低压阀等）采取逐步淘汰的措施。可以看出，液压传动技术在我国的应用与发展已经进入了一个崭新的历史阶段。

大国工匠——高凤林

模块 1

液压传动基础知识

1.1 液压油

1.1.1 液压油的品种

我国液压油的主要品种、黏度等级、组成和特性如表 1-1 所示。

表 1-1 我国液压油的主要品种、黏度等级、组成和特性

油名（品种）	黏度等级	组成和特性
L-HL	15、22、32、46、68、100、150	精制矿油、R&O
L-HM	15、22、32、46、68、100、150	精制矿油、R&O、AW
L-HG	32、46、68	精制矿油、R&O、AW、ASS
L-HFC	15、22、32、46、68、100	含聚合物水溶液、LS、HVI、LPP
L-HFD	15、22、32、46、68、100	磷酸酯无水合成液、LS、AWR
L-HFA	7、10、15、22、32	水包油乳化液、LSE
L-HFB	22、32、46、68、100	油包水乳化液、LS
L-HV	15、22、32、46、68、100	精制矿油、R&O、AW、HVI、LPP
L-HS	10、15、22、32、46	合成液（合成烃油）、R&O、AW、HVI、LPP

注：R&O—抗氧防锈，AW—抗磨，HVI—高黏度指数，LPP—低倾点，ASS—防爬，LS—难燃。

1.1.2 液压油的性质

1. 液体黏性的定义及黏度

液体在外力作用下流动时，分子间的内聚力会阻止分子间的相对运动而产生内摩擦力，这种特性叫做液体的黏性。液体只有在流动时才会呈现出黏性，静止液体是不呈现出黏性的。黏性的大小可以用黏度表示。

常用的黏度有动力黏度、运动黏度和相对黏度三种。

（1）动力黏度 μ

液体黏性示意图如图 1-1 所示，若两平行平板之间充满液体，上平板以速度 u_0 向右运动，下平板固定不动。附着在上平板的液体在其吸附力作用下，跟随上平板以速度 u_0 向右运动。附着在下平板的液体在吸附力作用下则保持静止，中间液体的速度由上至下逐渐减小。当两平行平板距离较小时，速度近似按线性规律分布。

动力黏度 μ 表示单位速度梯度下的切应力，其数值上等于面积为 1 m^2、相距 1 m 的两平板，以 1 m/s 的速度做相对运动时，因之间存在的流体互相作用所产生的内摩擦力。

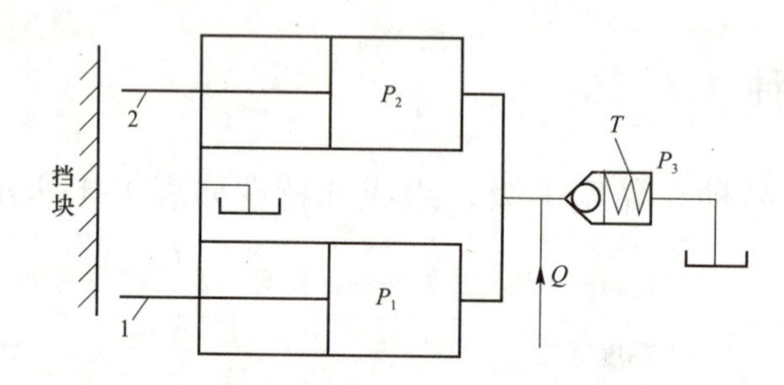

图 1-1　液体黏性示意图

液体黏性

（2）运动黏度 ν

动力黏度 μ 与该液体密度 ρ 的比值称为运动黏度，即 $\nu=\frac{\mu}{\rho}$。

运动黏度 ν 没有明确的物理意义，但它却是工程实际中经常用到的物理量，因为其单位只有长度和时间量纲，类似于运动学的量，故称为运动黏度。

运动黏度的法定计量单位为 m^2/s 和 mm^2/s。液压油的黏度等级就是以其 40 ℃时运动黏度的某一中心值来表示，如 L-HM32 液压油的黏度等级为 32，即 40 ℃时其运动黏度的中心值为 32 mm^2/s。

（3）相对黏度

它是用特定黏度计在规定条件下测出的黏度。各国采用的相对黏度单位有所不同。有的用赛氏黏度，有的用雷氏黏度，我国采用恩氏黏度。由于测量条件不同，相对黏度也不同。恩氏黏度用恩氏黏度计测定，即将 200 cm^3 的被测液体装入底部有 ϕ2.8 mm 小孔的恩氏黏度计容器内，在某一特定温度下测定该液体在自重作用下流尽所需时间 t_1，再与 20 ℃的 200 cm^3 蒸馏水在同一黏度计中流尽所需时间 t_2 相比，便是该液体在这一特定温度时的恩氏黏度。

恩氏黏度与运动黏度可用经验公式换算，也可从有关图表中直接查出。

（4）黏度与压力、温度的关系

液体的黏度会随压力和温度的变化而变化。在一般液压系统工作压力范围内，液压油的黏度受压力变化的影响甚微，可以忽略不计；但当液体所受的压力加大时，分子之间的距离缩小，内聚力增大，其黏度也随之增大。因此，在压力很高（高于 10 MPa）以及压力变化很大的情况下，黏度值的变化就不能忽视。

液压油的黏度对温度变化十分敏感，温度升高，黏度将降低。液压油的黏度随温度变化的性质称为黏温特性。液压油的黏温特性常用黏度指数 VI 来表示，VI 值越大，表示其黏度受温度变化的影响越小，黏温特性越好。

2. 液体的可压缩性

液体体积随着压力变化而改变。液体受压力作用而体积减小的性质称为液体的可压缩性。压缩性大小用压缩系数 β 表示 $\beta=\frac{\mathrm{d}V/V}{\mathrm{d}p}$。

式中：$\mathrm{d}p$ 为压力变化值；$\mathrm{d}V$ 为在 $\mathrm{d}p$ 作用下液体体积变化值；V 为液体压缩前的体积；负号表示压力增加时，液体体积减小。

压缩系数描述了在压力增量作用下，液体的压缩程度。在液压传动中，常以 β 的倒数 K 表示油液的压缩性。

K 为液体的体积弹性系数。相对气体而言，液体压缩性小，体积弹性系数大。

液压油的可压缩性很小，所以一般可忽略不计。但在某些情况下，如研究液压系统的动态特性以及远距离操纵的液压机构时，就需要考虑液压油可压缩性的影响。

液压油是液压传动系统的重要组成部分，是用来传递能量的工作介质。除了传递能量外，它还起着润滑运动部件和保护金属不被锈蚀的作用。液压油的质量及其各种性能将直接影响液压系统的工作。液压系统使用油液的要求主要有下面几点。

1）适宜的黏度和良好的黏温性能。一般液压系统所用的液压油的运动黏度范围为：（13 ～ 68）$\times10^{-6}$ $\mathrm{m^2/s}$（40 ℃），一般液压系统要求黏度指数 VI 在 90 以上。

2）良好的润滑性能，以减小液压元件中相对运动表面的磨损。为了改善液压油的润滑性能，可加入适当的添加剂。

3）良好的化学稳定性，即对热、氧化、水解、相溶都具有良好的稳定性。

4）良好的防锈性和防腐性。

5）比热、热传导率大，热膨胀系数小。

6）良好的泡沫性和抗乳化性。

7）油液纯净，含杂质量少。

8）倾点和凝点低，闪点（明火能使油面上油蒸气内燃，但油本身不燃烧的温度）和燃点高。

9）对人体无害，成本低。

1.1.3 液压油的选用

1. 液压油品种的选择

液压油品种的选择通常可参考表 1-2。应根据液压传动系统的工作环境、工况条件和液压泵的类型等选择液压油的品种。一般而言，齿轮泵对液压油的抗磨性要求比叶片泵和柱塞泵低，因此齿轮泵可选用 L-HL 或 L-HM 油，而叶片泵和柱塞泵则选用 L-HM 油。

表 1-2 液压油品种的选择

环境、工况	压力：7.0 MPa 以下 温度：50 ℃以下	压力：7.0 ～ 14.0 MPa 温度：50 ℃以下	压力：7.0 MPa 以上 温度：50 ℃～ 100 ℃
室内、固定液压设备	L-HL	L-HL，L-HM	L-HM
露天寒冷和严寒区	L-HV	L-HV，L-HS	L-HV，L-HS
高温源或明火附近	L-HFAE	L-HFB，L-HFC	L-HFDR

2. 液压油黏度等级的选择

在液压油品种选定后，还必须确定其黏度等级。在选择黏度等级时应注意以下几方面情况。

1）工作压力，工作压力较高的液压传动系统宜选用黏度等级较高的液压油。

2）环境温度，环境温度较高时，宜选用黏度等级较高的液压油。

3）运动速度，当运动部件的速度较高时，宜选用黏度等级较低的液压油。

所有液压元件中，以液压泵对液压油的性能最为敏感（泵内零件运动速度最高，承受压力最大，且承压时间长，升温高）。因此，可参考表 1-3 根据液压泵类型及工况选择液压油的黏度等级。

表 1-3 液压油黏度等级选择

泵型	环境温度 5 ℃～ 40 ℃	环境温度 40 ℃～ 80 ℃
叶片泵（压力：7.0 MPa 以下）	32，46	46，68

续表

泵型	环境温度 5 ℃～40 ℃	环境温度 40 ℃～80 ℃
叶片泵（压力：7.0 MPa 以上）	46，68	68
螺杆泵	32，46	46，68
齿轮泵	32，46，68	68，100，150
柱塞泵	46，68	68，100，150

因此，为了延长换油周期及液压元件的使用寿命，提高系统效率和可靠性，降低系统维护费用，应尽可能采用高质量的液压油。

1.1.4 液压油的污染与保养

液压油使用一段时间后会受到污染，常使阀内的阀芯卡死，并使油封加速磨耗及液压缸内壁磨损。造成液压油污染的原因有如下三个方面。

1. 污染

液压油的污染一般可分为外部侵入的污物和外部生成的不纯物。

1）外部侵入的污物：液压设备在加工和组装时残留的切屑、焊渣、铁锈等杂物混入所形成的污物，只有在组装后立即清洗方可解决。

2）外部生成的不纯物：泵、阀、执行元件、O 形圈长期使用后，因磨损而生成的金属粉末和橡胶碎片在高温、高压下和液压油发生化学反应所生成的胶状污物。

2. 恶化

液压油的恶化速度与含水量、气泡、压力、油温、金属粉末等有关，其中以温度影响为最大，故液压设备运转时，须特别注意油温的变化。

3. 泄漏

液压设备配管不良、油封破损是造成泄漏的主要原因，泄漏发生时，空气、水、尘埃便可轻易地侵入油中，故当泄漏发生时，必须立即加以排除。

液压油经长期使用，油质必会恶化，一般采用目视法判定油质是否恶化，当油的颜色混浊并有异味时，必须立即更换。液压油的保养方法有两种：一种是定期更换；另一种是使用过滤器定期过滤。

1.2 流体静力学

液体静力学所研究的是液体处于相对平衡状态下的力学规律及其实际应用。所谓相对平衡是指液体内部各质点间没有相对运动，以至于液体本身完全可以与容器一起如刚体一样做各种运动。因此，液体在相对平衡状态下没有黏性，不存在切应力，只存在法向的压应力，即静压力。本节主要讨论液体的平衡规律和压强分布规律以及液体对物体壁面的作用力。

1.2.1 液体静压力及其特性

作用在液体上的力有两种类型，一种是质量力，另一种是表面力。质量力作用在液体所有质点上，它的大小与质量成正比，如重力、惯性力等。单位质量液体受到的质量力称为单位质量力，它在数值上等于重力加速度。表面力作用在液体的表面上，如法向力、切向力。表面力可以是其他物体（例如活塞、大气层）作用在液体上的力，也可以是一部分液体作用在另一部分液体上的力。对于液体整体来说，其他物体作用在液体上的力属于外力，而液体间的作用力属于内力。单位面积上作用的表面力称为应力，它可分为法向应力和切向应力。液体处于静止状态时，液体质点间没有相对运动，不存在内摩擦力，即不呈现黏性。因此，静止液体的表面力只有法向力。液体内共点处单位面积上所受到的法向力叫做该点处的静压力，即在面积 ΔA 作用有法向力 ΔF 时，该点处的压力 p 可定义为

$$p=\lim_{\Delta A\to 0}\frac{\Delta F}{\Delta A}$$

若法向力 F 均匀地作用在面积 A 上，则压力表示为

$$P=\frac{F}{A} \tag{1-1}$$

由此可见，这里的压力就是物理学中的压强。由于液体质点间的内聚力很小，不能受拉，只能受压，所以液体的静压力具有以下两个重要的特性。

1）液体静压力垂直于作用面，其方向与该面的内法线方向一致。

2）静止液体内任一点所受到的液体静压力在各个方向上都相等。

1.2.2 液体静力学基本方程

在重力场中讨论静止液体内的压力分布规律具有普遍意义。

静止液体内的压力分布规律如图 1-2 所示，在一密闭容器内，静止液体所受的力有

液体的重力、液面上的外加力以及容器壁面作用于液体表面上的反压力。若要求在液面下深 h 处 A 点的压力 p，可以从液体内部取出一个底面包含 A 点上顶与液面重合的竖直小液柱。设小液柱底面积为 ΔA，高为 h，液体的密度为 ρ，因这个小液柱在重力及周围液体的压力作用下，处于平衡状态，则其平衡式为

$$p\Delta A=p_0\Delta A+\rho gh\Delta A \tag{1-2}$$

即

$$p=p_0+\rho gh \tag{1-3}$$

上式即为液体静力学基本方程。重力作用下的静止液体内压力分布有以下特征。

1）静止液体中任一点的压力由液面上的压力 p_0 和液柱自身重力所产生的压力 ρgh 两部分构成。

2）静止液体内的压力随深度 h 的增加而线性增加。

3）同一液体中，深度相同处的各点压力均相等。由压力相等的点组成的面称为等压面。显而易见，重力场下静止液体的等压面是水平面。

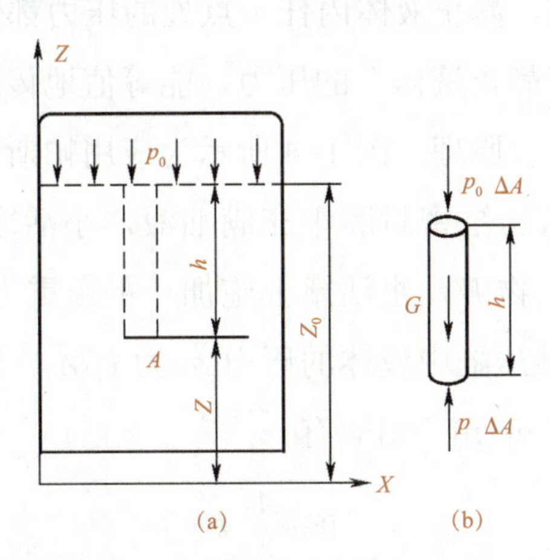

图 1-2　静止液体内的压力分布规律

1.2.3　压力的表示方法及单位

在压力测试中，根据度量基准的不同，液体压力分为绝对压力和相对压力两种。

以绝对零压为基准测得的压力称为绝对压力。以大气压力为基准测得的高于大气压力的那部分压力称为相对压力。在地球表面上，一切物体都受到大气压的作用，大气压力的作用都是自相平衡的，因此一般压力仪表在大气中的读数为零。由测压仪表所测得的压力就是高于大气压的那部分压力，所以相对压力也称为表压力。在液压技术中，如不特别指明，压力均指相对压力。

当绝对压力低于大气压时，比大气压小的那部分压力称为真空度。

绝对压力、相对压力和真空度间的关系如图 1-3 所示。在图中，以大气压力为基准计算压力时，基准以上的正值是表压力，基准以下的负值就是真空度。

压力的单位通常为 Pa，设备通常用的单位为 MPa，1MPa=10^6 Pa。

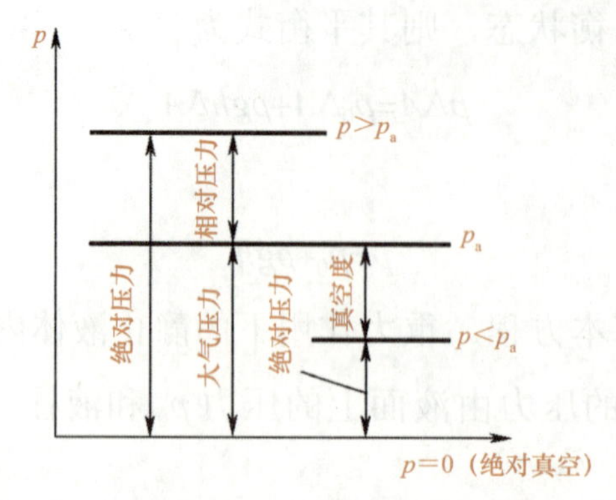

图 1-3　绝对压力、相对压力和真空度间的关系

1.2.4　帕斯卡原理

由静力学基本方程可知，静止液体内任一点处的压力都包含了液面上的压力 p_0。这说明在密封容器内，施加于静止液体上的压力，能等值地传递到液体中的各点，这就是静压力传递原理，又称帕斯卡原理。图 1-4 所示为应用帕斯卡原理的液压千斤顶工作原理图。在两个相互连通的液压缸密封腔中充满油液，小活塞和大活塞的面积分别为 A_1 和 A_2，当在大活塞上放一重物 W，小活塞上施加一平衡重力 W 的力 F 时，小液压缸中液体的压力 p_1 为 F/A_1，大液压缸中液体的压力 p_2 为 W/A_2。因两缸互通且构成一个密封容器，故根据帕斯卡原理有 $p_1=p_2$，相应有

$$W=\frac{A_2}{A_1}F \tag{1-4}$$

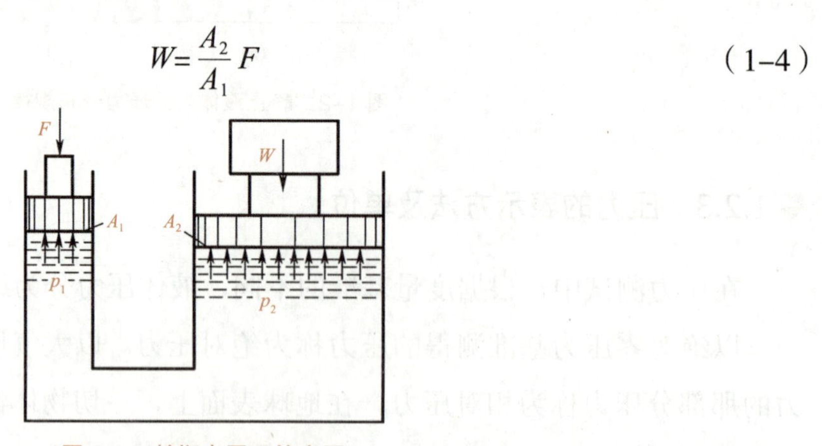

图 1-4　帕斯卡原理的应用

由式（1-4）可知，如果大活塞上没有负载，即 $W=0$，当略去活塞重力及其他阻力时，F 也为零，那么无论怎样也不会对小活塞施加上作用力，也就不可能在液体中形成压力。由此得出一个重要概念：液压传动系统的压力取决于负载，而与流入液体的多少无关。

1.3 流体动力学

液体动力学基础主要研究液体流动时流速和压力之间的变化规律。其中，流动液体的连续性方程、伯努利方程、动量方程就是描述流动液体力学规律的三个基本方程。这些内容不仅构成了液体动力学的基础，还是液压技术中分析问题和设计计算的理论依据。

1.3.1　液体动力学基本概念

1. 理想液体和恒定流动

由于液体具有黏性和可压缩性，因而研究流动液体的运动规律非常困难。液体在流动时会体现出其黏性，因此在研究流动液体时必须考虑黏性的影响。液体的黏性问题非常复杂，为了分析和计算问题的方便，可先假设液体没有黏性，然后再考虑黏性影响，并通过实验验证等方法对已得出的结果进行补充或修正。对于液体的可压缩问题，也可采用同样的方法来处理。

（1）理想液体

在研究流动液体时，将假设的既无黏性又无可压缩性的液体称为理想液体，而把实际存在的既有黏性又有可压缩性的液体称为实际液体。

（2）恒定流动

液体流动时，若液体中任一点处的压力、速度和密度都不随时间而变化，则称这种流动为恒定流动；若液体中任一点处的压力、速度和密度中只要有一个参数随时间而变化，就称为非恒定流动。

2. 流量和平均流速

（1）过流断面（或通流截面）

液体在管道中流动时，其垂直于流动方向的截面称为过流断面或通流截面。

（2）流量

单位时间内流过某一过流断面的液体体积称为流量。流量用 q_v 表示，即

$$q_v=\frac{V}{t} \tag{1-5}$$

流量的单位为 m^3/s 或 L/min，换算关系为 1 $m^3/s=6\times10^4$ L/min。

对于实际液体的流动，由于黏性的作用，通流截面上各点的液体实际流速分布规律较复杂（见图1-5（b）中 A 截面实际流速 u 的分布）。为便于计算流量，需引入平均流速的概念。

（3）平均流速

假设液流在通流截面 A 上各点的流速均匀分布（见图1-5（a）中平均流速 v 的分布），且液体以平均流速 v 流过通流截面 A 的流量等于液体以实际流速 u 流过该截面的流量，即

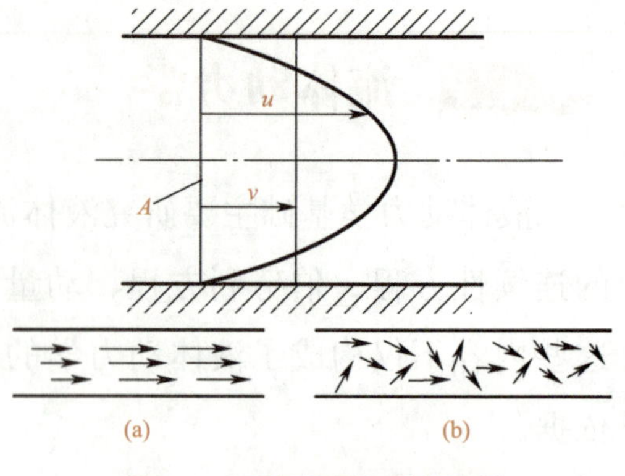

图 1-5 实际流量和平均流量

（a）平均流量；（b）实际流量

$$q_v=vA \tag{1-6}$$

式中：A 为通流截面 A 的面积。

由式（1-6）可得出通流截面 A 上的平均流速为

$$v=\frac{q_v}{A} \tag{1-7}$$

在液压缸中液流的流速可以认为是均匀分布的（液体流动速度与活塞运动速度相同）。由式（1-7）可知，当液压缸的有效工作面积 A 一定时，活塞运动速度 v 便取决于输入液压缸的流量 q_v。

3. 流态

19 世纪末，英国学者雷诺通过实验观察水在圆管内的流动情况时，发现液体有两种流动状态，即层流和紊流。在层流时，液体质点互不干扰，流动呈层状且平行于导管轴线；在紊流时，液体质点的运动杂乱无章，除了平行于导管轴线的运动外，还存在剧烈的横向运动。实验证明，液体在圆管中的流动状态与管内液体的平均流速 v、管道内径 d 和液体的运动黏度 ν 有关。由这三个参数所组成的雷诺数 Re 常用来判定液体流动状态，雷诺数可表示如下：

$$Re=\frac{vd}{\nu}$$

雷诺数的物理意义：雷诺数是液流的惯性力与内摩擦力的比值。雷诺数较小时，液体的内摩擦力起主导作用，液体质点运动受黏性约束而不会随意运动，液流状态为层流；雷诺数较大时，惯性力起主导作用，液体黏性不能约束质点运动，液流状态为紊流。

实验指出：液流从层流变为紊流时的雷诺数大于从紊流变为层流时的雷诺数，工程

中一般都以后者作为判断液流状态的依据，称其为临界雷诺数，记作 Re_c。当 $Re < Re_c$ 时液流为层流；反之，液流为紊流。

临界雷诺数可由实验求得。光滑金属圆管中液流的 Re_c 为 2 000 ～ 2 320，橡胶软管中液流的 Re_c 为 1 600 ～ 2 000，其他通道的 Re_c 可查阅有关资料。

1.3.2　连续性方程

连续性方程是质量守恒定律在流体力学中的一种体现。液流的连续性原理如图 1-6 所示。在一不等截面管中，液体在管内做恒定流动。任取 1、2 两个通流截面，设其面积分别为 A_1 和 A_2，两个截面中液体的平均流速和密度分别为 v_1、v_2 和 ρ_1、ρ_2，根据质量守恒定律，在单位时间内流过两截面的液体质量相等，即

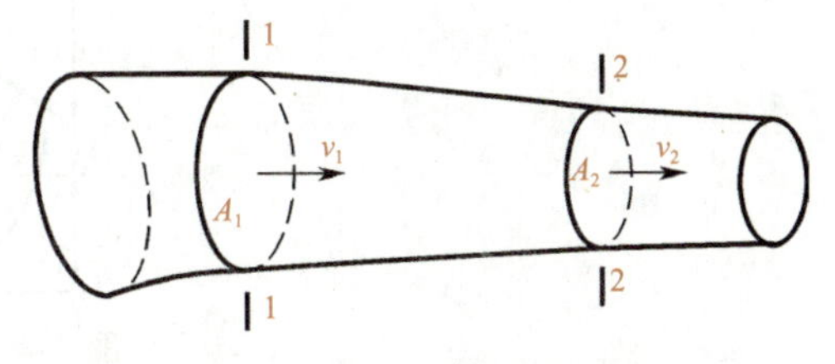

图 1-6　液流的连续性原理

$$\rho_1 v_1 A_1=\rho_2 v_2 A_2 \tag{1-8}$$

若不考虑液体的压缩性，有 $\rho_1=\rho_2$，则有

$$v_1 A_1=v_2 A_2=\text{常量} \tag{1-9}$$

也可得：

$$q_v=Av=\text{常量} \tag{1-10}$$

这就是液流的连续性方程，它说明恒定流动中流过各截面的不可压缩流体的流量是不变的。由此可知，液体的流速和通流截面的面积成反比，同样条件下，粗管流速低，细管流速高。

1.3.3　伯努利方程

伯努利方程是能量守恒定律在流体力学中的一种体现。理想液体伯努利方程示意图如图 1-7 所示，设密度为 ρ 的理想液体在通道内做稳定流动。现任取两通流截面 1 和 2 为研究对象，两截面至水平参考面的距离分别为 h_1 和 h_2，两截面处液体的平均流速分别为 v_1 和 v_2，压力分别为 p_1 和 p_2。根据能量守恒定律，可推导出重力作用下的理想液体在通道内稳定流动时的伯努利方程为

$$p_1\rho g h_1+\frac{1}{2}\rho v^2_1=p_2\rho g h_2+\frac{1}{2}\rho v^2_2 \tag{1-11}$$

或

$$p+\rho g h_1+\frac{1}{2}\rho v^2=\text{常数} \tag{1-12}$$

式中：p 为单位体积液体的压力能；ρgh 为单位体积液体相对于水平参考面的位能；$\rho v^2/2$ 为单位体积液体的动能。

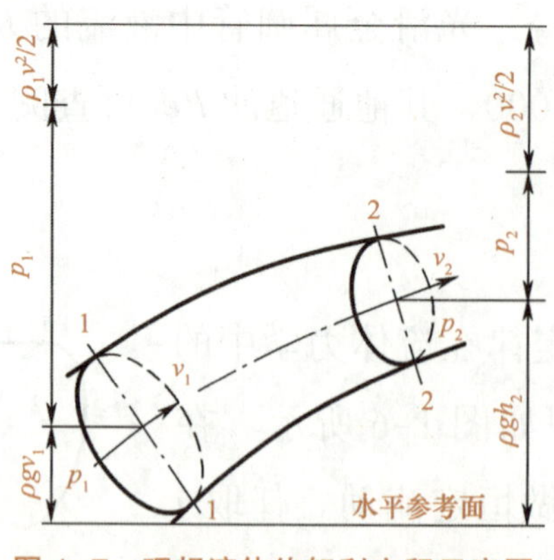

图 1–7　理想液体伯努利方程示意图

由式（1–12）可知，在重力作用下，在通道内作稳定流动的理想液体具有三种形式的能量，即压力能、位能和动能。这三种形式的能量在液体流动过程中可以相互转化，但其总和在各个截面处均为定值。注意式（1–12）是理想液体的伯努利方程，在实际液体的计算当中，还要考虑液体黏性和流态的影响，对其加以修正。

1.4 管路中的液体压力损失和流量损失

1.4.1　压力损失

实际液体具有黏性，在流动时就有阻力，为了克服阻力，就必须消耗能量，这样就有能量损失。在液压传动中，能量损失主要表现为压力损失。

压力损失分为两类，沿程压力损失和局部压力损失。下面分别对它们进行分析。

1. 沿程压力损失

液体在直径不变的直通道中流动时因其内摩擦而产生的能量损失，称为沿程压力损失。

2. 局部压力损失

液体流经管道的弯头、大小管的接头、突变截面、阀口和网孔等局部障碍处时，因液流方向和速度大小发生突变，使液体质点间相互撞击而造成的能量损失，称为局部压力损失。液体流过这些局部障碍处时，流态极为复杂，影响因素较多，一般都要依靠

实验求得各种类型局部障碍的局部阻力系数，然后再计算局部压力损失 Δp_{ξ}。其计算公式为

$$\Delta p_{\xi}=\xi+\frac{\rho v^2}{2} \tag{1-13}$$

式中：ξ 为局部阻力系数（具体数值可查有关手册）；ρ 为液体密度；v 为液体平均流速。

3. 管路系统的总压力损失

管路系统的总压力损失应为所有沿程压力损失和局部压力损失之和。

只有在各局部障碍之间有足够距离时，利用上式进行计算才正确。液压系统中的压力损失绝大部分将转换为热能，从而造成系统油温升高、泄漏增大。

1.4.2　流量损失

在液压系统中，各液压元件都有相对运动的表面，如液压缸内表面和活塞外表面。因为要有相对运动，所以它们之间都有一定的间隙，如果间隙的一边为高压油，另一边为低压油，那么高压油就会经间隙流向低压区，从而造成泄漏。同时，由于液压元件密封不完善，因此，一部分油液也会向外部泄漏。这种泄漏会造成实际流量有所减少，这就是我们所说的流量损失。

流量损失影响运动速度，而泄漏又难以绝对避免，所以在液压系统中泵的额定流量要略大于系统工作时所需的最大流量。通常也可以用系统工作所需的最大流量乘以一个 1.1 ～ 1.3 的系数来估算。

1.5　薄壁小孔与阻流管

在液压系统中，液体流经小孔或缝隙的现象是普遍存在的。例如，液压传动中常利用液体流经阀的小孔或缝隙来控制系统的流量和压力，液压元件的泄漏也属于缝隙流动，因此有必要研究液体流经小孔和缝隙的流量计算。

1.5.1　孔口流量特性

小孔可分为三种：当通道长度和内径之比 $l/d \leqslant 0.5$ 时，称为薄壁孔；当 $l/d > 4$ 时，称为细长孔；当 $0.5 < l/d \leqslant 4$ 时，称为短孔（厚壁孔）。

1. 液体流经薄壁小孔的流量

流经薄壁小孔的流量为

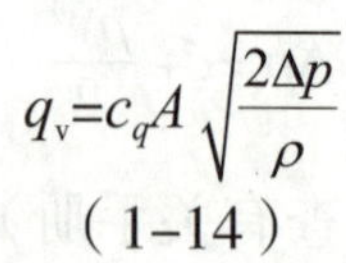

$$q_v=c_qA\sqrt{\frac{2\Delta p}{\rho}} \tag{1-14}$$

式中：c_q 为流量系数，一般由实验确定；A 为小孔通流截面面积；ρ 为液体密度；Δp 为薄壁小孔的前后压力差。

由式（1-14）可知，流经薄壁小孔的流量不受黏度变化的影响。因此，常用薄壁小孔作流量控制阀的节流孔，使流量不受黏度变化的影响。

2. 液体流经短孔的流量

液体流经短孔的流量计算仍可用薄壁小孔的流量计算公式，只是流量系数不同。短孔比薄壁小孔容易加工，因此短孔特别适合要求不高的节流阀。

3. 液体流经细长孔的流量

流经三种小孔的流量公式，可以综合地用下面的通式表达

$$q_v=KA\Delta p^m \tag{1-15}$$

式中：K 为由节流孔形状、尺寸和液体性质决定的系数；A、Δp 分别为小孔通流截面面积和两端压力差；m 为由小孔长径比决定的指数（薄壁孔 $m=0.5$，短孔 $0.5 < m < 1$，细长孔 $m=1$）。

1.5.2 液体流经间隙的流量

在液压元件中常见的间隙形式有两种，即平行平板间隙和环状间隙。

1. 液体流经平行平板间隙的流量

平行平板间隙分为固定平行平板间隙和相对运动平行平板间隙两种。

2. 液体流经环状间隙的流量

环状间隙分为同心环状间隙和偏心环状间隙两种。

1.6 液压冲击与空穴现象

液压冲击

1.6.1 液压冲击

在液压系统中，由于某种原因引起液体压力在某一瞬间突然急剧上升，而形成很高的压力峰值，这种现象称为液压冲击。

1. 产生液压冲击的原因

（1）阀门突然关闭引起液压冲击

若有一较大容腔（如液压缸、蓄能器等）和在另一端装有阀门的管道相通，当阀门开启时，管内液体便从阀门流出。而当阀门突然关闭时，从阀门处开始液体动能将逐层转化为压力能，相应产生一从阀门向容腔推进的压力冲击波，从而出现液压冲击。

（2）运动部件突然制动引起液压冲击

如换向阀突然关闭液压缸的回油通道而使运动部件制动时，运动部件的动能会瞬间转化为被封闭油液的压力能，导致压力急剧上升，出现液压冲击。

（3）液压系统中元件反应不灵敏造成液压冲击

如系统压力突然升高时，溢流阀不能迅速打开溢流阀口，或限压式变量泵不能及时自动减小输出流量等，都会导致液压冲击。

2. 液压冲击的危害

液压系统出现液压冲击时，产生的瞬时压力峰值比正常压力有时要大好几倍。这会引发震动和噪声，导致密封装置、管路和液压元件的损坏，甚至还会使某些液压元件（如压力继电器、顺序阀等）产生误动作，从而影响系统正常工作。可见应力求减少液压冲击的发生。

通常可采取下列措施来减少液压冲击。

1）延长阀门关闭和运动部件制动换向的时间。可采用换向时间可调的换向阀。实验证明当换向时间大于 0.3 s 时，液压冲击就大大减少。

2）限制管路内液体的流速及运动部件的速度。一般在液压系统中将管路流速控制在 4.5m/s，运动部件的速度限制在 10.0 m/min 以内，并且当运动部件的质量越大，则其运动速度就应该越小。

3）适当增大管径。这样不仅可以降低流速，而且可以减小压力冲击波的传播速度。

4）尽量缩小管道长度，以减小压力波的传播时间。

5）用橡胶软管或在冲击源处设置蓄能器，以吸收冲击能量；也可以在容易出现液压冲击的地方，安装限制压力升高的安全阀。

1.6.2 空穴现象

在液压系统中，如果某处压力低于油液工作温度下的空气分离压时，油液中的空气就会分离出来形成大量气泡；当压力进一步降低到油液工作温度下的饱和蒸气压力时，油液会迅速汽化而产生大量气泡。这些气泡混杂在油液中，产生空穴，使原来充满管道或液压元件中的油液成为不连续状态，这种现象一般称为空穴现象。

空穴现象一般发生在阀口和液压泵的进油口处。油液流过阀口的狭窄通道时，液流速度增大，压力大幅下降，就可能出现空穴现象。液压泵的安装高度过高，吸油管道内径过小，吸油阻力太大，或液压泵转速过高、吸油不充足等，均可能产生空穴现象。

液压系统中出现空穴现象后，气泡随油液流到高压区时，在高压作用下气泡会迅速破裂，周围液体质点以高速来填补这一空穴，液体质点间高速碰撞形成局部液压冲击，使局部的压力和温度均急剧升高，产生强烈的震动和噪声。在气泡凝聚处附近的管壁和元件表面，因长期承受液压冲击及高温作用，以及油液中逸出气体较强的腐蚀作用，使管壁和元件表面金属颗粒剥落，这种因空穴现象而产生的表面腐蚀称为气蚀。故应力求避免空穴现象的产生。

为减少空穴现象和气蚀的危害，一般采取以下一些措施。

1）减小阀孔或其他元件通道前后的压力差。

2）降低液压泵的吸油高度，采用内径较大的吸油管，并尽量少用弯头，以减小管路阻力，必要时对大流量泵采用辅助泵供油。

3）各元件的连接处要密封可靠，以防止空气进入。

4）整个系统管路应尽可能直，避免急弯和局部狭窄等。

5）提高元件的抗气蚀能力。对容易产生气蚀的元件，如泵的配油盘等，增加其机械强度。

大国工匠——金其福

模块 2

液压动力元件

液压泵是液压系统中的动力装置，也是能量转换元件。它由原动机（电动机或内燃机）驱动，把输入的机械能转换为工作液体的压力能输出到系统中去，为执行元件提供动力和能量。它是液压系统不可缺少的核心元件，其性能直接影响到系统的正常工作。

2.1 液压泵的工作原理

液压泵是靠密封容腔容积的变化来工作的。图 2-1 所示是一单柱塞液压泵的工作原理图。图中柱塞 2 安装在缸体 3 中形成一个密封容积 a，柱塞在弹簧 4 的作用下始终紧抵在偏心轮 1 上。原动机驱动偏心轮 1 旋转时，柱塞 2 将做往复运动，使密封容积 a 的大小发生周期性的交替变化。当 a 由小变大时就形成部分真空，油箱中的油液在大气压作用下，经吸油管顶开单向阀 6 进入油箱 a 而实现吸油；当 a 由大变小时，a 腔中吸满的油液将顶开单向阀 5 流入系统而实现压油。原动机驱动偏心轮不断旋转，液压泵就不断地吸油和压油，这样液压泵就将原动机输入的机械能转换成液体的压力能输出。

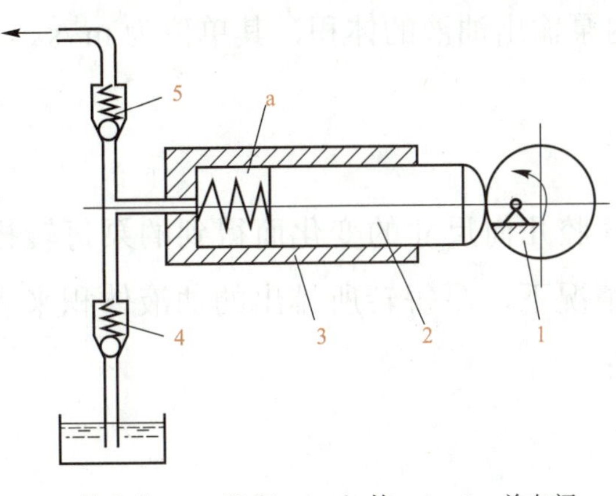

1—偏心轮；2—柱塞；3—缸体；4、5—单向阀

图 2-1　单柱塞液压泵的工作原理图

单柱塞液压泵原理动画

如上虽是以单柱塞液压泵为例来分析液压泵的工作原理，但却表明了液压泵共同的性质，即液压泵都是依靠密封容积变化的原理来进行工作的，故一般称为容积式液压泵。

2.2 液压泵的主要性能参数

2.2.1 压力

1. 工作压力

液压泵实际工作时的输出压力称为工作压力。工作压力的大小取决于外负载的大小和排油管路上的压力损失，而与液压泵的流量无关。

2. 额定压力

液压泵在正常工作条件下，按试验标准规定连续运转的最高压力称为液压泵的额定压力。超过此值即为过载。

3. 最高允许压力

在超过额定压力的条件下，根据试验标准规定，允许液压泵短暂运行的最高压力值，称为液压泵的最高允许压力。一般最高允许压力为额定压力的 1.1 倍。超过这个压力液压泵将很快损坏。

2.2.2 排量和流量

流量是指单位时间内泵输出油液的体积，其单位为 m^3/s。

1. 排量 V

它是由计算泵密封容腔几何尺寸的变化而得到的泵每转排出油液的体积。在工程上，它可以用无泄漏的情况下，泵每转所排出的油液体积来表示。其国际标准单位为 m^3/r，常用的单位为 mL/r。

2. 理论流量 q_{vt}

指在不考虑液压泵泄漏流量的情况下，该泵在单位时间内所排出的液体体积的平均

值。如果液压泵的排量为 V，其主轴转速为 n，则该液压泵的理论流量 q_{vt} 为

$$q_{vt}=Vn \tag{2-1}$$

3. 实际流量 q_v

它是泵工作时的输出流量，这时的流量必须考虑到泵的泄漏。它等于泵理论流量减去泄漏损失的流量 Δq_v，即

$$q_v=q_{vt}-\Delta q_v \tag{2-2}$$

4. 额定流量 q_{vn}

它是泵在额定转速和额定压力下输出的流量。由于泵存在泄漏，所以泵实际流量 q_v 和额定流量 q_{vn} 都小于理论流量 q_{vt}。

2.2.3 功率损失、功率和效率

1. 液压泵的功率损失

液压泵的功率损失有容积损失和机械损失两部分。

（1）容积损失

容积损失是指液压泵流量上的损失。液压泵的实际输出流量总是小于其理论流量，其主要原因是液压泵内部高压腔的泄漏、油液的压缩以及在吸油过程中由于吸油阻力太大、油液黏度大以及液压泵转速高等原因而导致油液不能全部充满密封工作腔。

（2）机械损失

机械损失是指液压泵在转矩上的损失。液压泵的实际输入转矩 T 总是大于理论上所需要的转矩 T_t，其主要原因是液压泵体内相对运动部件之间因机械摩擦而引起的摩擦转矩损失以及液体的黏性而引起的摩擦损失。

2. 液压泵的功率

（1）理论功率液压泵的输入为机械能，表现为转矩和转速；其输出为压力能，表现为压力和流量。当液压泵输出的压力能驱动液压缸克服负载 F 以速度 v 运动时，若不考虑能量损失，则液压泵和液压缸的理论功率为

$$P_t=2\pi nT_t=Fv=pAv=pq_{vt}=pVn \tag{2-3}$$

式中：n 为液压泵的转速；T_t 为驱动液压泵的理论转矩；p 为液压泵的工作压力；A 为

液压缸的有效工作面积。

（2）输入功率 P_{in}

液压泵的输入功率是指作用在液压泵主轴上的机械功率，当输入转矩为 T，角速度为 ω 时，有

$$P_{in}=T\omega=2\pi nT \tag{2-4}$$

（3）输出功率 P_{ou}

液压泵的输出功率是指液压泵在工作过程中吸、压油口间的压差 Δp 和输出流量 q_v 的乘积，即

$$P_{ou}=\Delta pq_v \tag{2-5}$$

式中：Δp 为液压泵吸、压油口之间的压力差（N/m^2）；q_v 为液压泵的实际输出流量（m^3/s）；P_{ou} 为液压泵的输出功率（N · m/s 或 W）。

在实际的计算中，若油箱通大气，则液压泵吸、压油口之间的压力差往往用液压泵出口压力 P 代替，所以有

$$P_{ou}=pq_v \tag{2-6}$$

3. 液压泵的效率

（1）容积效率

容积效率 η_v 通常用来表征容积损失。容积效率等于液压泵的实际流量与理论流量比值，即

$$\eta_v=\frac{q_v}{q_{vt}}=\frac{q_{vt}-\Delta q_v}{q_{vt}}=1-\frac{\Delta q_v}{q_{vt}} \tag{2-7}$$

液压泵的泄漏量随压力升高而增大，相应其容积效率也随压力升高而降低。

因此，液压泵的实际输出流量为

$$q_v=q_{vt}\eta_v=Vn\eta_v \tag{2-8}$$

式中：V 为液压泵的排量（m^3/r）；n 为液压泵的转速（r/s）。

（2）机械效率

机械效率通常用来表征机械损失。机械效率等于驱动液压泵的理论转矩与实际转矩的比值，即

$$\eta_m=\frac{T_t}{T} \tag{2-9}$$

由式（2-3）可得，$T_t=pV/2\pi$，代入（2-9）可得

$$\eta_m=\frac{qV}{2\pi T} \tag{2-10}$$

液压泵的总效率 η 为其实际输出功率和实际输入功率的比值，即

$$\eta=\frac{q_{ou}}{q_{in}}=\frac{pq_v}{2\pi nT}=\frac{q_v}{Vn}\frac{qV}{2\pi T}=\eta_v\eta_m \tag{2-11}$$

例：某液压泵的输出油压 p=10 MPa，转速 n=1 450 r/min，排量 V=46.2 mL/r，容积效率 η_v=0.95。总效率 η=0.9。求液压泵的输出功率和驱动泵的电动机功率各为多大？

解：求液压泵的输出功率。液压泵输出的实际流量为

$$q_v=q_{vt}\eta_v=vn\eta_v=46.2\times10^{-3}\times1\ 450\times0.95\ \text{L/min}=63.64\ \text{L/min}$$

液压泵的输出功率为$P_{ou}=pq_v=\dfrac{10\times10^6\times63.64\times10^{-3}}{60}\text{W}=10.6\ \text{kW}$

输入功率为$P_{in}=\dfrac{P_{ou}}{\eta}=\dfrac{10.6}{0.9}=11.77\ \text{kW}$

2.3 齿轮泵

齿轮泵是一种常用液压泵。其主要特点是结构简单、制造方便、价格低廉、体积小、重量轻、自吸性能好，对油液污染不敏感和工作可靠等。其主要缺点是流量和压力脉动大、噪声大、排量不可调。

按齿轮的啮合形式的不同，齿轮泵分为外啮合齿轮泵和内啮合齿轮泵。由于外啮合齿轮泵制造工艺简单、加工方便，因而应用最广。下面分别介绍它们的工作原理、结构特点和性能。

2.3.1 齿轮泵的工作原理和结构

图 2-2 所示为齿轮泵的结构图。该泵采用了泵体 7 与两泵盖 4、8 三片式结构，两泵盖与泵体用 2 个定位销 17 和 6 个螺钉 9 连接。这种结构便于制造和维修时控制齿轮端面和盖板间的端面间隙（小流量泵间隙为 0.025 ～ 0.04 mm，大流量泵间隙为 0.04 ～ 0.06 mm）。泵体内有一对齿数相同的互相啮合的齿轮，两齿轮分别用键连接在由滚针轴承支承的主动轴 12 和从动轴 15 上。该泵采用了内部泄油方式，从压油腔泄漏到滚针轴承的油液可通过泄油通道流回吸油腔，以保证冷油循环润滑轴承，同时降低堵头 2 和骨架式密封圈 11 处的密封要求。为防止油液从泵体与盖板的结合面处向外泄漏和减小螺钉 9 的拉力，在泵体两端面上开有封油卸荷槽 16，它可将渗入泵体和盖板结

合面间的压力油引回吸油腔，这样既防止了油液外溢，同时也润滑了滚针轴承。

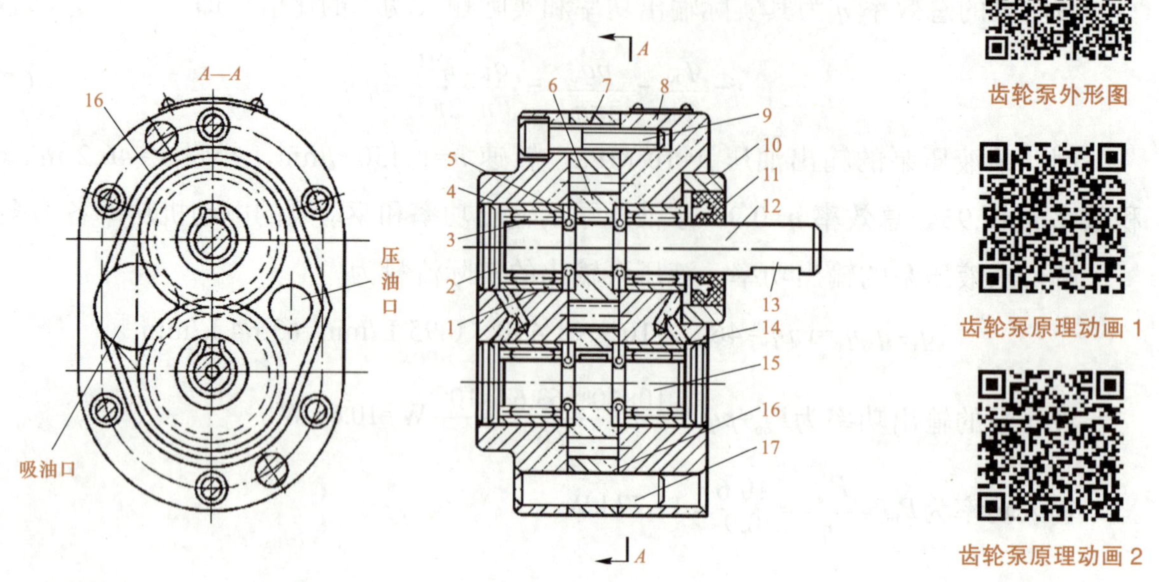

1—轴承外环；2—堵头；3—轴承；4—后泵盖；5—键；6—齿轮；7—泵体；8—前泵盖；9—螺钉；10—压环；11—骨架式密封圈；12—主动轴；13—键；14—泄油孔；15—从动轴；16—泄油槽；17—定位销

图 2-2　齿轮泵的结构

外啮合齿轮泵的工作原理如图 2-3 所示。主要结构由泵体、一对啮合的齿轮、泵轴和前后泵盖组成。

当泵的主动齿轮按图示箭头方向旋转时，齿轮泵右侧（吸油腔）轮齿脱开啮合，使密封容积增大，形成局部真空，油箱中的油液在外界大气压的作用下，经吸油管路、吸油腔进入齿间。随着齿轮的旋转，吸入齿间的油液被带到另一侧，进入压油腔。这时轮齿进入啮合，使密封容积逐渐减小，齿轮间部分的油液被挤出，从压油腔输送到系统中去，形成了齿轮泵的压油过程。齿轮在电机带动下不断地旋转，齿轮泵就不断地吸、压油。齿轮啮合时齿向接触线把吸油腔和压油腔分开，起配油作用。

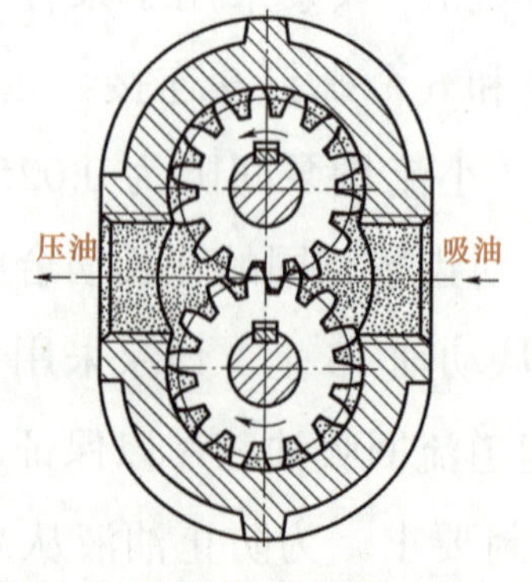

图 2-3　外啮合齿轮泵的工作原理

2.3.2　齿轮泵流量计算

齿轮泵排量和流量的严密计算比较复杂。这是因为齿轮旋转时，齿轮的不同啮合点工作容腔容积的变化率是不一样的，故在每一个瞬间所排出的油液量也不相同。为简化起见，可采用近似计算方法。

流量和几个主要参数的关系如下。

（1）输油量与齿轮模数 m 的平方成正比。

（2）在泵的体积一定时，齿数少，模数就大，故输油量增加，但流量脉动大；齿数增加时，模数就小，输油量减少，流量脉动也小。用于机床上的低压齿轮泵，取 z=13 ～ 19；而中高压齿轮泵，取 z=6 ～ 14，齿数 z ＜ 14 时，要进行修正。

（3）输油量和齿宽 B、转速 n 成正比。一般齿宽 B=（6 ～ 10）cm；转速 n 为 750 r/min、1 000 r/min、1 500 r/min。转速过高，会造成吸油不足；转速过低，泵也不能正常工作。一般齿轮的最大圆周速度不应大于 5 ～ 6 m/s。

2.3.3　齿轮泵的结构特点分析

1．齿轮泵的困油现象

齿轮泵的困油现象：齿轮泵要能连续地供油，就要求齿轮啮合的重叠系数 ε 大于 1，也就是当一对轮齿尚未脱开啮合时，另一对轮齿已进入啮合。这样，在这两对轮齿同时啮合的瞬间，在两对轮齿的齿向啮合线之间形成了一个封闭容积。此时，一部分油液也就被困在这一封闭容积中，如图 2-4（a）所示，齿轮连续旋转时，这一封闭容积便逐渐减小，到两啮合点处于图 2-4（b）所示节点两侧的对称位置时，封闭容积为最小。齿轮再继续转动时，封闭容积又逐渐增大，直到图 2-4（c）所示位置时，容积又变为最大。当封闭容积减小时，被困油液受到挤压，压力急剧上升，使轴承上突然受到很大的载荷冲击，使泵剧烈震动，这时高压油从一切可能泄漏的缝隙中挤出，从而造成功率损失、油液发热等现象；当封闭容积增大时，由于没有油液补充，因此形成局部真空，使原来溶解于油液中的空气分离出来，形成了气泡。油液中产生气泡后，会引发噪声、气蚀等一系列恶果。以上情况就是齿轮泵的困油现象。这种困油现象极为严重地影响着泵的工作平稳性和使用寿命。

为了消除困油现象，在齿轮泵的泵盖上铣出两个困油卸荷凹槽，其几何关系如图 2-5 所示。当卸荷槽的位置使困油腔由大变小时，能通过卸荷槽与压油腔相通；而当困油腔由小变大时，能通过另一卸荷槽与吸油腔相通。两卸荷槽之间的距离为 a，必须保证在任何时候都不能使压油腔和吸油腔互通。

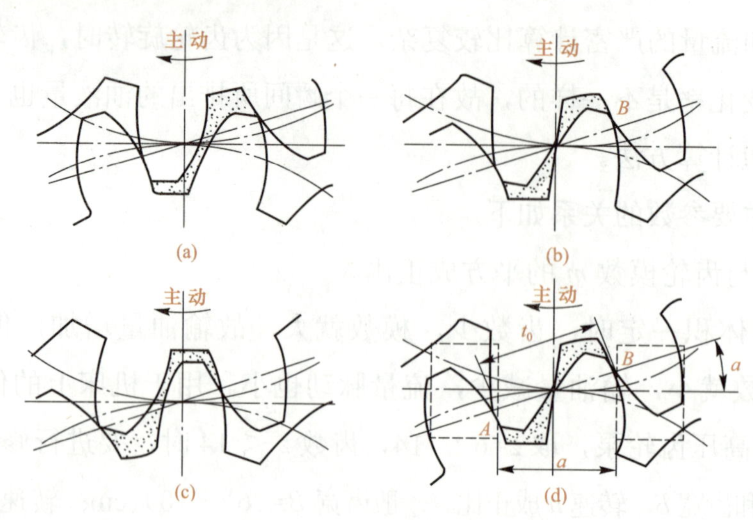

图 2-4 齿轮泵的困油现象

按上述对称开的卸荷槽，当困油封闭腔由大变至最小时（如图 2-5 所示），由于油液不易从即将关闭的缝隙中挤出，故封闭油压仍将高于压油腔压力；齿轮继续转动，在封闭腔和吸油腔相通的瞬间，高压油又突然和吸油腔的低压油相接触，引发冲击和噪声。于是齿轮泵将卸荷槽的位置整个向吸油腔侧平移了一段距离。这时封闭腔只有在由小变至最大时才和压油腔断开，油压没有突变。封闭腔和吸油腔接通时，封闭腔不会出现真空也没有压力冲击，这样改进后，齿轮泵的震动和噪声得到了进一步改善。

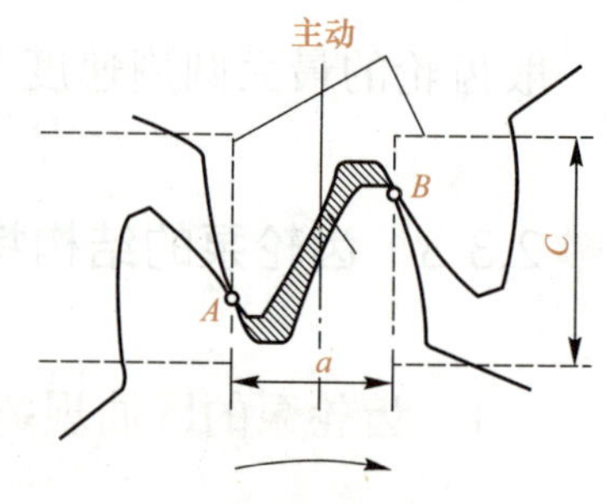

图 2-5 齿轮泵的困油卸荷槽图

2. 径向不平衡力

齿轮泵工作时，在齿轮和轴承上承受径向液压力的作用。如图 2-6 所示，泵的下方为吸油腔，上方为压油腔。当压油腔内有液压力作用于齿轮时，沿着齿顶流动的泄漏油也会承受大小不等的压力，这就是齿轮和轴承受到的径向不平衡力。液压力越高，这个不平衡力就越大，其结果不仅加速了轴承的磨损，降低了轴承的寿命，甚至使轴变形，造成齿顶和泵体内壁的摩擦等。为了解决径向力不平衡问题，在有些齿轮泵上，采用开压力平衡槽的办法来消除径向不平衡力，但这将使泄漏增大，容积效率降低。齿轮泵则采用缩小压油腔，以减少液压力对齿顶部分的作用面积来减小径向不

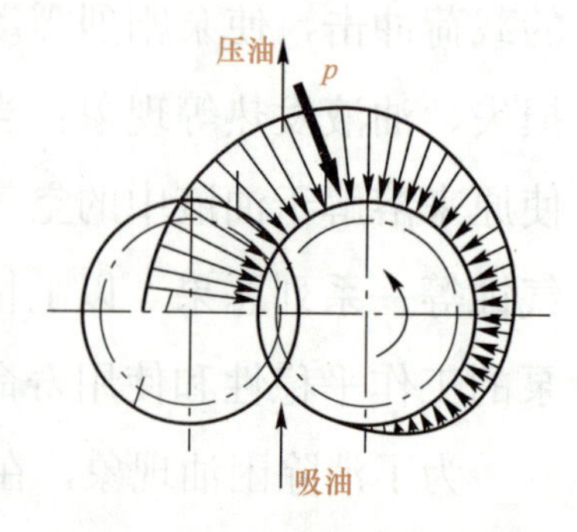

图 2-6 齿轮泵的径向不平衡力

平衡力，所以泵的压油口孔径比吸油口孔径要小。

3. 齿轮泵的泄漏途径

在液压泵中，运动件间是靠微小间隙密封的。这些微小间隙在运动学上形成摩擦副，而高压腔的油液通过间隙向低压腔泄漏是不可避免的。齿轮泵压油腔的压力油可通过三条途径泄漏到吸油腔去：一是通过齿轮啮合线处的间隙（齿侧间隙），二是通过体定子环内孔和齿顶间隙的径向间隙（齿顶间隙），三是通过齿轮两端面和侧板间的间隙（端面间隙）。在这三类间隙中，端面间隙的泄漏量最大，压力越高，由间隙泄漏的液压油液就越多。因此为了实现齿轮泵的高压化，提高齿轮泵的压力和容积效率，需要从结构上来采取措施。一般采用对齿轮端面间隙进行自动补偿的办法。

2.3.4　高压齿轮泵的特点

上述齿轮泵由于泄漏量大（主要是端面泄漏，占总泄漏量的 75% ～ 80%），且存在径向不平衡力，故压力不易提高。高压齿轮泵主要针对上述问题采取了一些措施，如尽量减小径向不平衡力和提高轴与轴承的刚度；对泄漏量最大处的端面间隙，采用了自动补偿装置等。下面对端面间隙的补偿装置作简单介绍。

1. 浮动轴套式

图 2-7（a）是浮动轴套式的间隙补偿装置。它将泵的出口压力油引入齿轮轴上的浮动轴套 1 的外侧 A 腔，使轴套在液体压力作用下，紧贴齿轮 3 的侧面，因而可以消除间隙并补偿齿轮侧面和轴套间的磨损。在泵启动时，该装置靠弹簧 4 来产生预紧力，保证了轴向间隙的密封

2. 浮动侧板式

浮动侧板式补偿装置与浮动轴套式的工作原理基本相似，如图 2-7（b）所示。它也是将泵的出口压力油引到浮动侧板 1 的背面，使之紧贴于齿轮 2 的端面来补偿间隙。泵启动时，浮动侧板靠密封圈来产生预紧力。

3. 挠性侧板式

图 2-7（c）是挠性侧板式间隙补偿装置。它是将泵的出口压力油引到侧板的背面后，靠侧板自身的变形来补偿端面间隙的。侧板较薄，内侧面要耐磨（如烧结 0.5 ～

0.7 mm 的磷青铜）。对这种结构采取一定措施后，可使侧板外侧面的压力分布大体上和齿轮侧面的压力分布相适应。

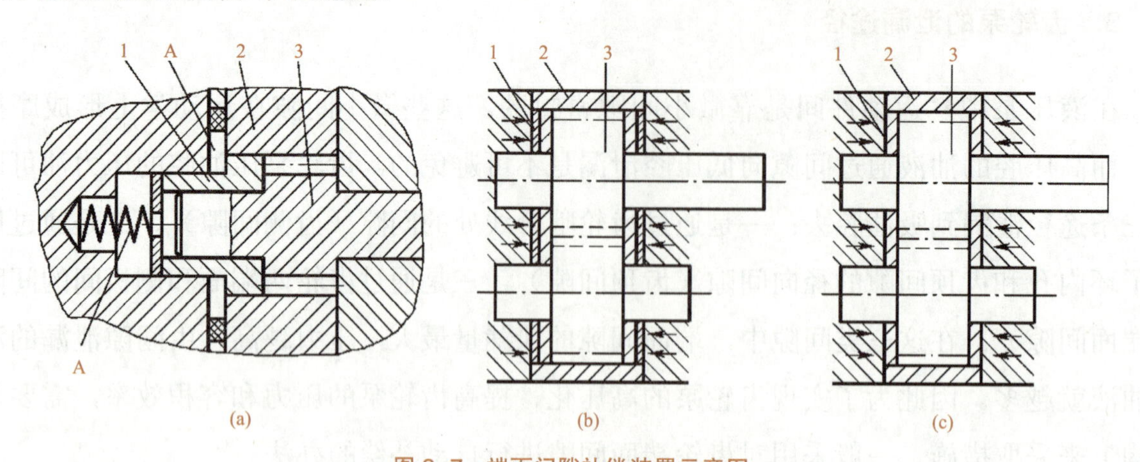

图 2–7 端面间隙补偿装置示意图

（a）浮动轴套式；（b）浮动侧板式；（c）挠性侧板式

2.4 叶片泵

叶片泵具有结构紧凑、流量均匀、噪声小、运转平稳等优点，因此广泛用于中、低压液压系统中。但它也存在着结构复杂、吸油能力差、对油液污染比较敏感等缺点。

叶片泵有单作用和双作用两种。所谓单作用是指叶片泵转子每转一圈完成一次吸油、压油；而双作用则是转子每转一周叶片泵完成两次吸油、压油。通常，单作用叶片泵为变量泵，双作用为定量泵。

2.4.1 叶片泵的工作原理

1. 双作用叶片泵的工作原理

双作用叶片泵的工作原理及结构如图 2–8 所示，它也是由转子、定子、叶片和配油盘等组成。但其转子和定子的中心是重合的，不存在偏心。定子内表面不是圆柱面而是一个特殊曲面，它是由两段长径为 R、短径为 r 的同心圆弧和四段过渡曲线连接而成。当转子按图示方向回转时，叶片在离心力和其底部液压力的作用下向外滑出与定子内表面接触。于是，在叶片、转子、定子和配油盘之间便构成若干个密封工作容腔。当一对相邻的叶片从小半径圆弧曲线经过渡曲线转到大半径圆弧曲线时，它们所构成的密封工作腔则由小变大形成部分真空。这时油液便从配油盘上对应这一过程的窗口进入，完成吸油过程。转子继续转动，在从大圆弧曲线转到小圆弧曲线的过程中，密封工作容腔逐渐减小，使油液通过对应这一过程的配油盘窗口挤出，完成排油过程。这种叶片泵每转一周，各密封工作容腔完成两次吸油和两次排油，故称之为双作用叶片泵。由于该泵的两个吸油区和两个压油区为对称布置，作用于转子上的径向液压力互相平衡，因此，这种叶片泵又称为卸荷叶片泵。

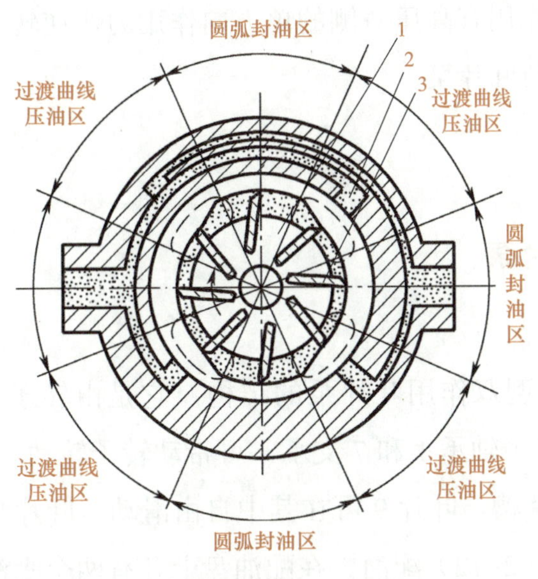

1—转子；2—定子；3—叶片

图 2-8　双作用叶片泵的工作原理及结构

双作用叶片泵原理动作

叶片泵外形

2. 单作用叶片泵的工作原理

单作用叶片泵的工作原理及结构如图 2-9 所示，它由转子、定子、叶片和泵体、端盖及配油盘等组成。定子的内表面是一个圆柱表面（作为工作表面）。转子安装于定子中间，并使转子和定子的圆心存在一个偏心距 e，叶片装在转子上的槽内，能够灵活滑动。当转子转动时，由于离心力作用（也有在叶片槽底部通过压力油或弹簧推出的），叶片顶部紧贴在定子内表面滑动，这样在定子、转子、每两个相邻叶片和两侧配油盘之间就形成若干个变化的密封工作容腔。设转子按图示逆时针方向回转时，在图的右半部分叶片逐渐伸出，使这半部分叶片间的各密封工作容腔逐渐增大，造成部分真空，油箱中的油液在大气压力作用下由吸油口经配油盘的吸油窗口（图中右部分月牙形虚线油口），进入这些密封工作容腔，这一过程就是吸油。在图的左半部，叶片逐渐被定子内表面

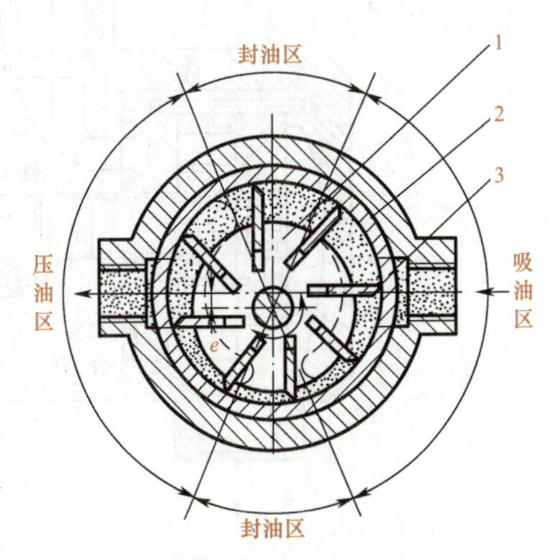

1—转子；2—定子；3—叶片

图 2-9　单作用叶片泵的工作原理及结构

压入槽内，这部分叶片间的各密封工作容腔逐渐缩小，腔内的油液则从压油窗口（图中左部分配油盘上的月牙形油口）被挤出，这就是压油过程。在配油盘上两窗口之间有一段距离，将泵的吸油区和压油区隔开，称为封油区。这种泵的转子每转一周，泵的每个密封工作容腔完成吸油和压油各一次，所以叫作单作用叶片泵。泵的吸油腔和压油腔各占一侧，故转子上必然作用有高压一侧的单方向作用力，使转子轴上承受不平衡力，因此，这种泵又称为非卸荷叶片泵。

2.4.2 定量叶片泵

1. YB 型双作用叶片泵

（1）结构

图 2-10 所示为 YB 型双作用叶片泵的结构，它是由转子 3、定子 4、配油盘 2 和 6 及泵体 5 组成。泵轴 8 由轴承 1 和 7 支承，可带动转子转动。转子上均匀地开有 12 条与径向成一定角度的叶片槽，叶片 9 可在其中自由滑动。叶片泵的配油方式不同于齿轮泵，它采用配油盘（见图 2-12）配油，在配油盘上开有两个吸油窗口和两个压油窗口。配油盘和定子紧靠在一起固定于泵体上，转子则相对于定子和配油盘转动。叶片槽根部 *b* 通过配油盘上的环形槽 *a* 与压油区相通。在压油区内，作用在叶片顶部和根部的液压力相互平衡，叶片仅在离心力作用下压向定子表面，保证了密封。在吸油区内，叶片顶部为低压，而叶片根部为高压，加之离心力的作用，叶片将以很大的接触力压向定子，所以叶片在紧贴定子内表面的同时造成了一定的磨损。

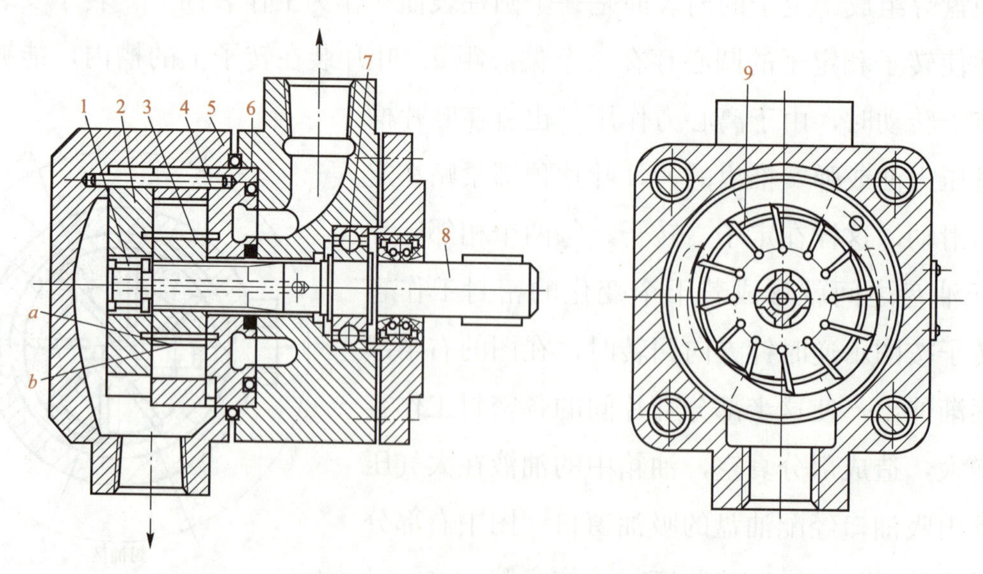

1、7—轴承；2、6—配油盘；3—转子；4—定子；5—泵体；8—泵轴；9—叶片

图 2-10 YB 型双作用叶片泵的结构

（2）定子曲线

如前所述，定量叶片泵的定子曲线是由四段圆弧和四段过渡曲线组成的。过渡曲线应保证叶片随转子转动时贴紧定子表面，保证叶片在转子槽中径向运动时速度和加速度变化均匀，保证叶片对定子内表面的冲击尽可能小，所以定量叶片泵的定子过渡曲线一般使用“等加速－等减速”曲线，如图 2-11 所示。

（3）配油盘

图 2-12 所示为（右）配油盘的结构图。为了使叶片顶部与定子内表面紧密接触，消除径向间隙，在左右配油盘对应于叶片根部位置开有环形槽 c，配油盘的环形槽 c 内有 2 个通压油口的小孔 d，压力油经小孔 d 和槽 c 进入叶片根部，保证叶片顶部与定子内表面间的可靠密封。左右配油盘上都开有吸、压油窗口各两个，如右配油盘的上、下两缺口 b 即是吸油窗口，2 个腰形孔 a 即为压油窗口。在腰形孔端部开有三角形小槽 e（称为卸荷槽），此槽的主要作用是避免发生困油现象，减轻密封腔油液从吸油区（或压油区）向压油区（或吸油区）过渡时的压力突变。右配油盘上 f 为泄漏油孔，它可将泄漏至轴承处的油液引入吸油口，以降低骨架式密封圈的密封要求和保证冷油循环润滑轴承。

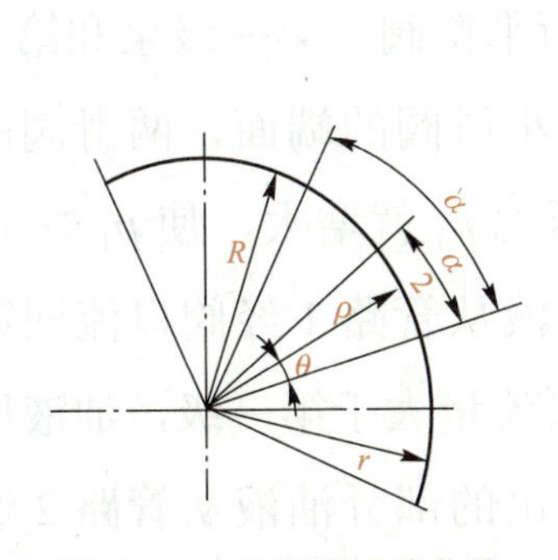

图 2-11　定子的过渡曲线

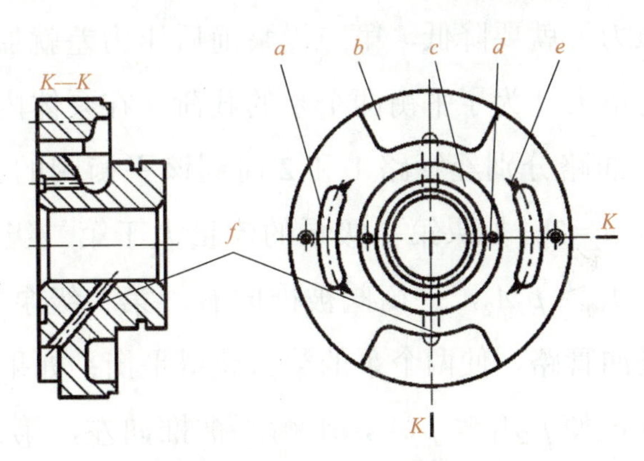

图 2-12　（右）配油盘的结构图

（4）叶片的倾角

叶片在压油区工作时的受力情况如图 2-13 所示。叶片在转子上径向设置时，见图 2-13（a），定子内表面对叶片的反作用力 F 的方向与叶片沿槽滑动方向所形成的压力角 β 较大，相应切向分力 F' 也较大，则叶片滑动不灵活，甚至被卡住或折断。如果叶片顺转向前倾一个角度，见图 2-13（b），则压力角 $\beta'=\beta-\theta$，从而减小了切向分力 F'，有利于叶片在槽内滑动和减小摩擦磨损。所以定量叶片

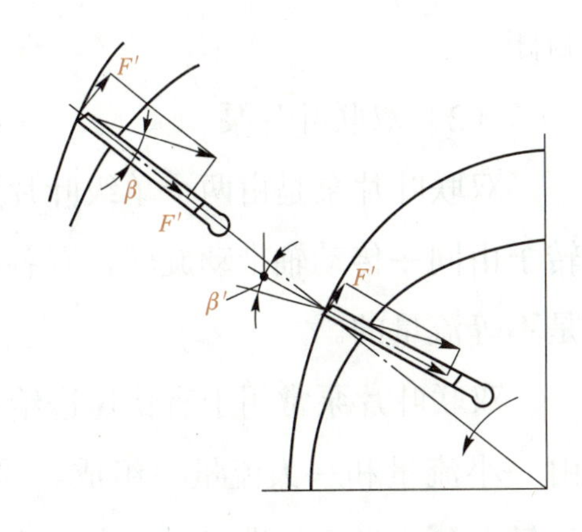

图 2-13　叶片在压油区工作时的受力情况

（a）叶片径向设置；（b）叶片前倾一个角度

泵的叶片槽常做成向前倾，一般倾角取 10° ～ 14° （YB1 型叶片泵取 12° ）。对于叶片前倾的叶片泵，不能反向旋转，否则可能将叶片折断。

2. 双级叶片泵和双联叶片泵

（1）双级叶片泵

为了得到较高的工作压力，也可以不用高压叶片泵，而用双级叶片泵。双级叶片泵是由两个普通压力的单级叶片泵装在一个泵体内在油路上串接而成的，如果单级泵的压力可达 7.0 MPa，双级泵的工作压力就可达 14.0 MPa。

双级叶片泵的工作原理如图 2-14 所示，两个单级叶片泵的转子装在同一根传动轴上，当传动轴回转时就带动两个转子一起转动。第一级泵经吸油管从油箱吸油，输出的油液就送入第二级泵的吸油口，第二级泵的输出油液经管路送往工作系统。设第一级泵输出压力为 p_1，第二级泵输出压力为 p_2，正常工作时 $p_2=2p_1$。但是由于两个泵的定子内壁曲线和宽度等不可能做得完全一样，两个单级泵每转一周的容量就不可能完全相等。如果第二级泵每转一周的容量大于第一级泵，第二级泵的吸油压力（也就是第一级泵的输出压力）就要降低，第二级泵前后压力差就加大，因此载荷就增大；反之，第一级泵的载荷增大。为了平衡两个泵的载荷，在泵体内设有载荷平衡阀。第一级泵和第二级泵的输出油路分别经管路 1 和 2 通到该平衡阀的大滑阀和小滑阀的端面，两滑阀的面积比 $A_1 : A_2=2$。如果第一级泵的流量大于第二级，油液压力 p_1 就增大，使 $p_1 > 1/2p_2$，因此 $p_1A_1 > p_2A_2$，平衡阀被推向右，第一级泵的多余油液从管路 1 经阀口流回第一级泵的进油管路，使两个泵的载荷获得平衡；如果第二级泵流量大于第一级，油液压力 p_1 就降低，使 $p_1A_1 < p_2A_2$，平衡阀被推向左，第二级泵输出的部分油液从管路 2 经阀口流回第二级泵的进油口而获得平衡；如果两个泵的流量绝对相等，平衡阀两边的阀口都封闭。

（2）双联叶片泵

双联叶片泵是由两个单级叶片泵装在一个泵体内在油路上并联组成。两个叶片泵的转子由同一传动轴带动旋转，有各自独立的出油口，两个泵可以是相等流量的，也可以是不等流量的。

双联叶片泵常用于有快速进给和工作进给要求的机械加工专用机床中，这时双联泵由一小流量和一大流量泵组成。当快速进给时，两个泵同时供油（此时压力较低所需流量大）；当工作进给时，由小流量泵供油（此时压力较高所需流量小），同时在油路系统上使大流量泵卸荷。与采用一个高压大流量的泵相比，双联叶片泵可以节省能源，减少油液发热。这种双联叶片泵也常用于机床液压系统中需要两个互不影响的独立油路中。

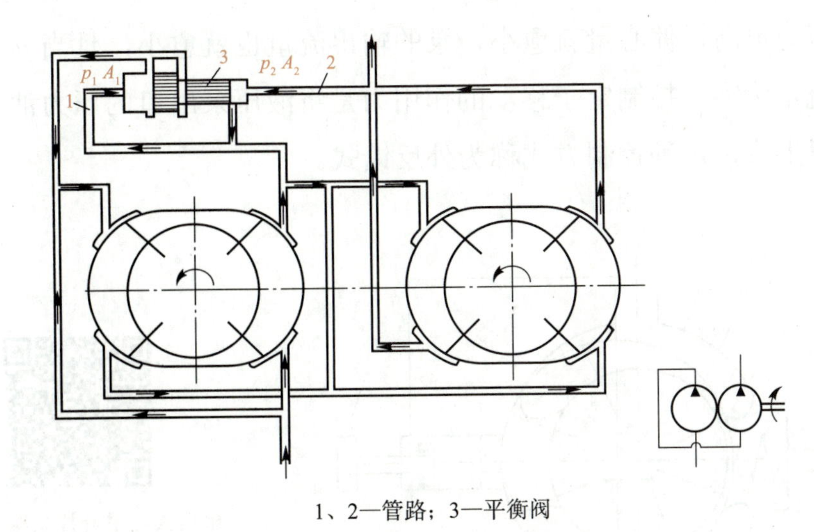

1、2—管路；3—平衡阀

图 2-14　双级叶片泵的工作原理

2.4.3　限压式变量叶片泵

1. 限压式变量叶片泵的工作原理

限压式变量叶片泵是单作用叶片泵，根据前面介绍的单作用叶片泵的工作原理，改变定子和转子间的偏心距 e，就能改变泵的输出流量，限压式变量叶片泵能借助输出压力的大小自动改变偏心距 e 的大小来改变输出流量。当压力低于某一可调节的限定压力时，泵的输出流量最大；压力高于限定压力时，随着压力增加，泵的输出流量线性减少，其工作原理如图 2-15 所示。泵的出口经通道 7 与活塞 6 相通。在泵未运转时，定子 2 在弹簧 9 的作用下，紧靠活塞 4，并使活塞 4 靠在螺钉 5 上。这时，定子和转子有一偏心量 e_0，调节螺钉 5 的位置，便可改变 e_0。当泵的出口压力 p 较低时，则作用在活塞 4 上的液压力也较小，若此液压力小于上端的弹簧作用力，当活塞的面积为 A、调压弹簧的刚度为 k_s、预压缩量为 x_0 时，有

$$pA < k_s x_0 \tag{2-12}$$

此时，定子相对于转子的偏心量最大，输出流量也最大。随着外负载的增大，液压泵的出口压力 p 也将随之增大，当压力升至与弹簧力相平衡的控制压力 p_B 时，有

$$p_B A = k_s x_0 \tag{2-13}$$

当压力进一步升高，使 $pA > k_s x_0$，这时，若不考虑定子移动时的摩擦力，液压作用力就要克服弹簧力推动定子向上移动，随之泵的偏心量减小，泵的输出流量也减小。

p_B 称为泵的限定压力，即泵处于最大流量时所能达到的最高压力。调节调压螺钉 10，可改变弹簧的预压缩量 x_0，即可改变 p_B 的大小。

泵的工作压力愈高，偏心量就愈小，泵的输出流量也就愈小，且当 $p=k_s(e_0+x_0)/A$ 时，泵的输出流量为零。控制定子移动的作用力是将液压泵出口的压力油引到柱塞上，然后再加到定子上去，这种控制方式称为外反馈式。

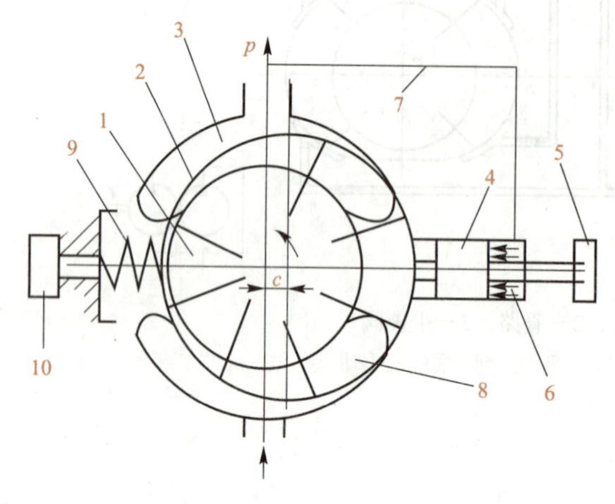

1—转子；2—定子；3—吸油窗口；4—活塞；5—螺钉；6—活塞腔；7—通道；8—压油窗口；9—调压弹簧；10—调压螺钉

图 2-15 限压式变量叶片泵的工作原理

限压式变量叶片泵结构动画

限压式变量叶片泵原理动画

2. 限压式变量叶片泵的特性曲线

限压式变量叶片泵在工作过程中，当工作压力 p 小于预先调定的限定压力 p_c 时，液压作用力不能克服弹簧的预紧力，这时定子的偏心距保持最大偏心量不变，因此泵的输出流量 q_{vA} 不变。但由于供油压力增大时，泵的泄漏流量 q 也增加，所以泵的实际输出流量 q_v 也略有减少，其变化规律如图 2-16 限压式变量叶片泵的特性曲线中的 AB 段所示。调节流量和螺钉 5（见图 2-15）即可调节最大偏心量（初始偏心量）的大小，从而改变泵的最大输出流量 q_A，这时特性曲线 AB 段上下平移。

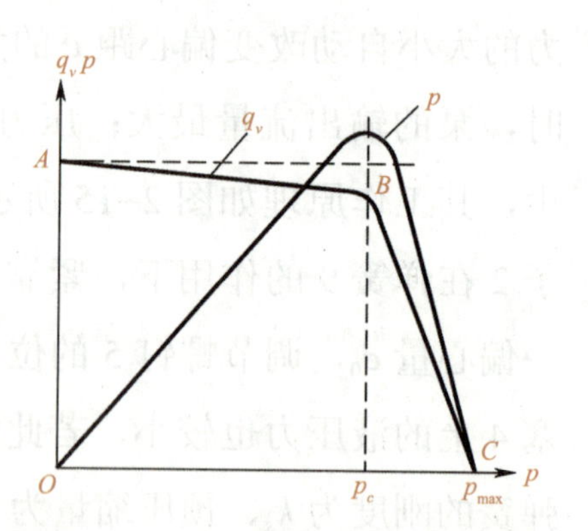

图 2-16 限压式变量叶片泵的特性曲线

当泵的供油压力 p 超过预先调整的压力 p_B 时，液压作用力大于弹簧的预紧力，此时弹簧受压缩使定子向偏心量减小的方向移动，最终使泵的输出流量减小。压力愈高，弹簧压缩量愈大，偏心量愈小，输出流量愈小，此时其变化规律如特性曲线 BC 段所示。调节调压弹簧 10 可改变限定压力 p_c 的大小，这时特性曲线 BC 段左右平移，而改变调压弹簧的刚度，可以改变 BC 段的斜率。弹簧越“软”（k_s 值越小），BC 段越陡，p_{max} 值越小；反之，弹簧越“硬”（k_s 值越大），BC 段越平坦，p_{max} 值也越大。当定子和转子之间的偏心量为零时，系统压力达到最大值，该压力称为截止压力。实际上，由于泵的泄漏的存在，当偏心量尚未达到零时，泵的输出流量已为零。

2.5 柱塞泵

柱塞泵是依靠柱塞在其缸体孔内往复运动时密封工作腔的容积变化来实现吸油和压油的。由于柱塞与缸体内孔均为圆柱表面，容易得到高精度的配合，所以这类泵具有泄漏小，容积效率高的特点，能够在高压下工作。它常用于高压大流量和流量需要调节的液压系统，如工程机械、液压机、龙门刨床、拉床等液压系统。

2.5.1 轴向柱塞泵

1. 轴向柱塞泵的工作原理

轴向柱塞泵是将多个柱塞配置在同一个缸体的圆周上，并使柱塞中心线和缸体中心线平行的一种泵。轴向柱塞泵有直轴式（斜盘式）和斜轴式（摆缸式）两种。图 2-17 所示为直轴式轴向柱塞泵的工作原理，这种泵主体由缸体 1、配油盘 2、柱塞 3 和斜盘 4 组成。柱塞沿圆周均匀分布在缸体内。斜盘轴线与缸体轴线成一倾角，柱塞靠机械装置或在低压油作用下压紧在斜盘（图中为弹簧）上，配油盘 2 和斜盘 4 固定不转。当原动机驱动传动轴使缸体转动时，柱塞由于斜盘作用，被迫在缸体内作往复运动，并通过配油盘的配油窗口进行吸油和压油。若缸体按如图 2-17 中所示方向回转，当缸体转角在 π ～ 2π 由上至下范围内，柱塞向外伸出，柱塞底部缸孔的密封工作容积增大，柱塞通过配油盘的吸油窗口吸油；当缸体转角在 0 ～ π 由下至上范围内，柱塞被斜盘推入缸体，缸孔容积减小，柱塞通过配油盘的压油窗口压油。缸体每转一周，每个柱塞各完成吸、压油一次。改变斜盘倾角，就能改变柱塞行程的长度，即改变液压泵的排量。改变斜盘倾角方向，就能改变吸油和压油的方向，即成为双向变量泵。

配油盘上吸油和压油窗口之间的密封区宽度应稍大于柱塞缸体底部通油孔宽度。但不能相差太大，否则会发生困油现象。一般在两配油窗口的两端部开有小三角槽，以减小冲击和噪声。

斜轴式轴向柱塞泵的缸体轴线相对传动轴轴线成一倾角，传动轴端部用万向铰链、连杆与缸体中的每个柱塞相联结。当传动轴带动万向铰链、连杆使柱塞和缸体一起转动时，柱塞同时被迫在缸体中做往复运动，并借助配油盘进行吸油和压油。这类泵的优点是变量范围大，泵的强度较高，但和上述直轴式相比，其结构较复杂，外形尺寸和重量均较大。

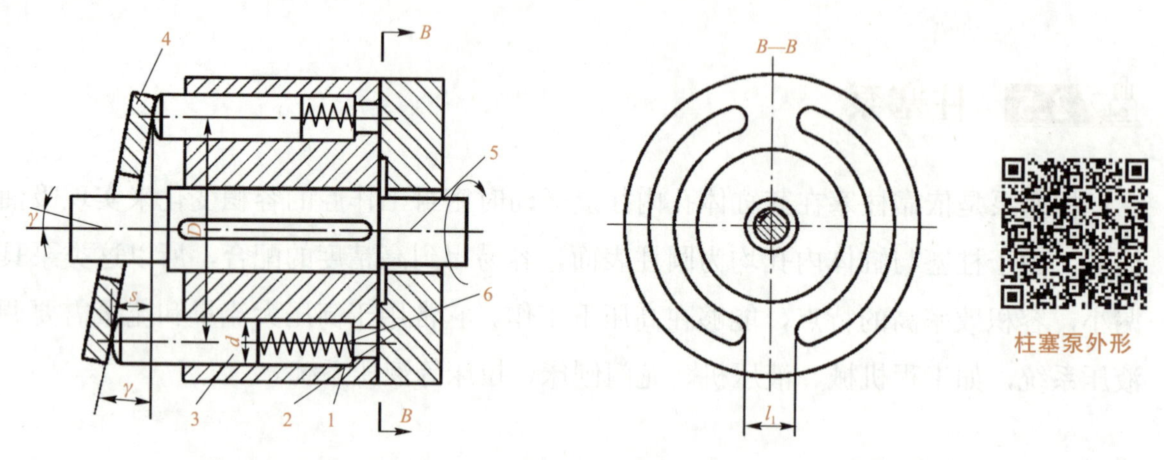

1—缸体；2—配油盘；3—柱塞；4—斜盘；5—传动轴；6—弹簧

图 2-17　直轴式轴向柱塞泵的工作原理

轴向柱塞泵的优点是：结构紧凑、径向尺寸小、惯性小、容积效率高、最高压力大（目前最高压力可达 40.0MPa，甚至更高）。但其轴向尺寸较大，轴向作用力也较大，结构比较复杂，一般用于工程机械、压力机等高压系统中。

实际上，由于柱塞在缸体孔中运动的速度不是恒定的，因而输出流量是有脉动的。当柱塞数为奇数时，脉动较小，且柱塞数多脉动也较小，因而一般常用柱塞泵的柱塞个数为 7、9 或 11。

2. 轴向柱塞泵的结构特点

图 2-18 为 SCY13-1B 型轴向柱塞泵，它由主体和变量机构两部分组成。

（1）主体

缸体 5 装在中间泵体 1 和前泵体 7 内，由传动轴 8 通过花键带动旋转。在缸体的 7 个柱塞孔内装有柱塞 9，柱塞的球形头部装在滑履 12 的孔内并可作相对转动。定心弹簧 3 通过内套 2、钢球 20 和压盘 14 将滑履压在倾斜盘 15 上，使泵具有一定自吸能力，同时定心弹簧又通过外套筒 10 将缸体压在配油盘 6 上。缸体外镶有钢套 4，支承在圆柱滚子轴承 11 上，使压盘对缸体的径向分力由圆柱滚子轴承来承受，而避免传动轴和

缸体受弯矩。缸体柱塞孔中的压力油经柱塞和滑履的中心小孔，送至滑履与倾斜盘的接触平面间，形成静压润滑膜，以减小摩擦磨损。缸体对配油盘的压力，除定心弹簧力外，还有缸体柱塞孔底部台阶面上所受的液压力。此液压力比弹簧力大得多，而且随泵的工作压力升高而增大，从而使缸体和配油盘保持良好贴合，并使磨损间隙能得到自动补偿，因此泵具有较高的容积效率。

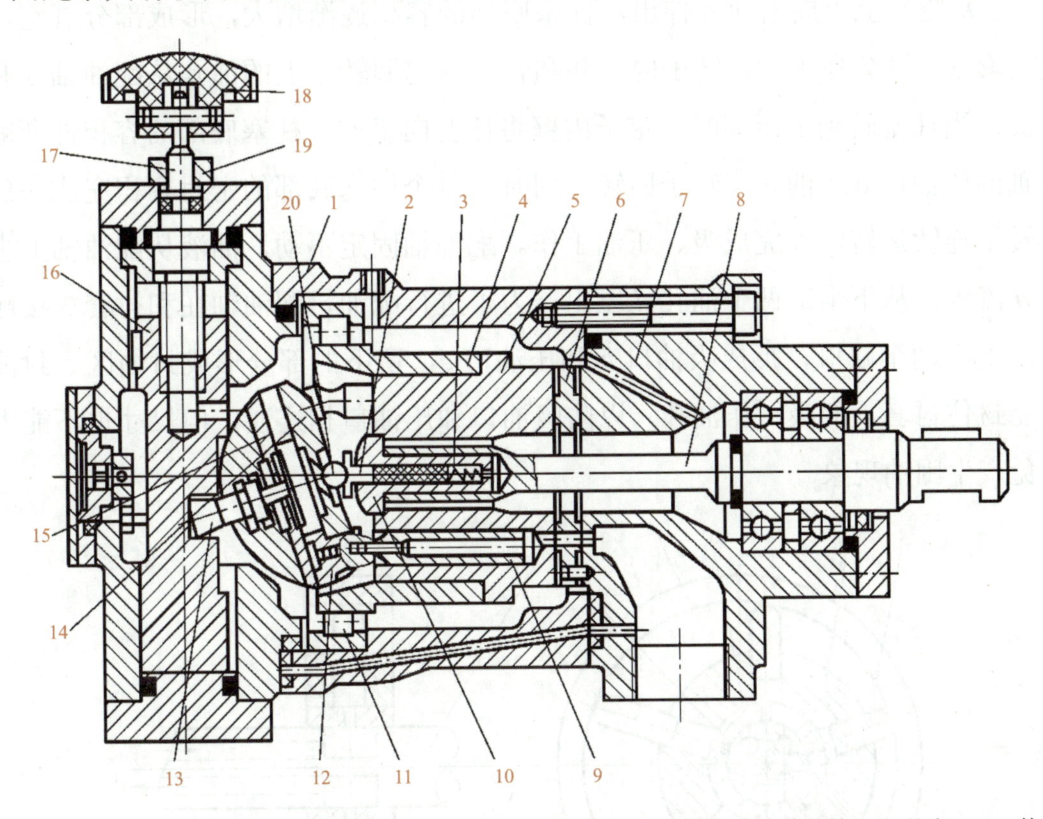

1—泵体；2—内套；3—定心弹簧；4—钢套；5—缸体；6—配油盘；7—前泵体；8—传动轴；9—柱塞；10—外套筒；11—轴承；12—滑履；13—轴销；14—压盘；15—倾斜盘；16—变量活塞；17—丝杠；18—手轮；19—锁紧螺母；20—钢球

图 2-18 SCY13-1B 型轴向柱塞泵

（2）变量机构

轴向柱塞泵的最大优点是只要改变倾斜盘的倾角就能改变排量。若转动手轮 18，使丝杠 17 转动，在导向键作用下，变量活塞 16 便上下移动，轴销 13 则使支承在变量壳体上的倾斜盘绕钢球的中心转动，从而改变倾斜盘的倾角，相应也就改变了泵的排量。当排量调好后，可用锁紧螺母 19 锁紧。这种变量机构结构简单，但操纵力较大，通常只能在停机或工作压力较低的情况下操纵。

轴向柱塞泵除了有手动变量外，还有手动伺服、压力补偿、电动、恒压、零位对中式等变量。SCY13-1B 型轴向柱塞泵主体部分是通用部件，只要换上不同变量机构，就可组成不同的变量泵。

2.5.2 径向柱塞泵

径向柱塞泵的工作原理如图 2-19 所示。柱塞 1 径向排列装在缸体 2 中，缸体由原动机带动连同柱塞 1 一起旋转，所以缸体 2 一般称为转子。柱塞 1 在离心力（或在低压油）的作用下抵紧定子 4 的内壁。当转子按图示方向回转时，由于定子和转子之间有偏心距 e，柱塞绕经上半周时向外伸出，柱塞底部的容积逐渐增大，形成部分真空，因此便经过衬套 3（衬套是压紧在转子内，并和转子一起回转）上的油孔从配油轴 5 和吸油口 b 吸油；当柱塞转到下半周时，定子内壁将柱塞向里推，柱塞底部的容积逐渐减小，向配油轴的压油口 c 压油。当转子回转一周时，每个柱塞底部的密封容积完成一次吸、压油，转子连续运转，即完成吸、压油工作。配油轴固定不动，油液从配油轴上半部的两个孔 a 流入，从下半部两个油孔 d 压出。为了进行配油，配油轴在和衬套 3 接触的一段加工出上下两个缺口，形成吸油口 b 和压油口 c，留下的部分形成封油区。封油区的宽度应能封住衬套上的吸、压油孔，以防吸油口和压油口相连通，但尺寸也不能大得太多，以免产生困油现象。

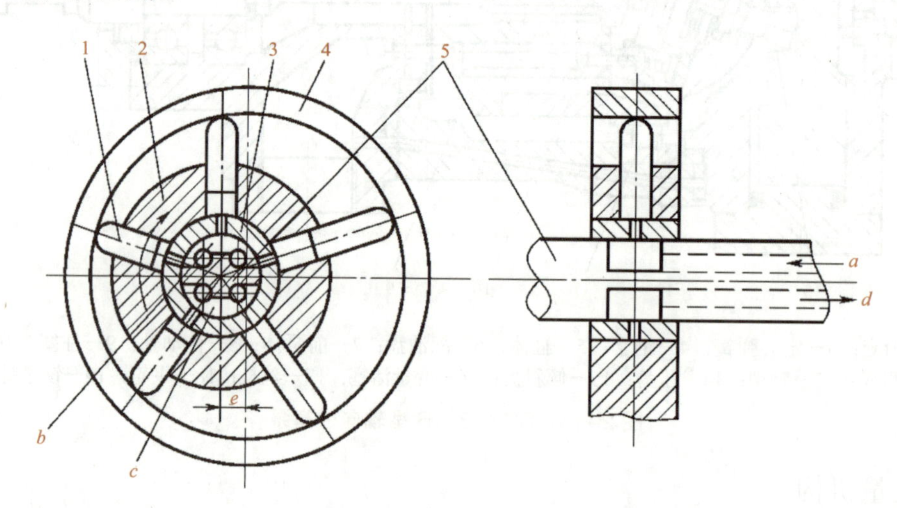

1—柱塞；2—缸体；3—衬套；4—定子；5—配油轴

图 2-19 径向柱塞泵的工作原理

2.6 液压泵的选用

液压泵是为液压系统提供一定流量和压力油液的动力元件，它是每个液压系统不可缺少的核心元件。合理地选择液压泵对于降低液压系统的能耗、提高系统的效率、降低噪声、改善工作性能和保证系统的可靠工作都十分重要。

选择液压泵的原则是：首先根据主机工况、功率大小和系统对工作性能的要求，确定液压泵的类型，然后按系统所要求的压力、流量大小确定其规格型号。

表 2-1 列出了液压系统中常用液压泵的主要性能比较。

表 2-1　液压系统中常用液压泵的主要性能比较

类型 性能	齿轮泵	双作用叶片泵	限压式变量叶片泵	径向柱塞泵	轴向柱塞泵
工作压力 /MPa	＜20	6.3 ～ 21	≤7	20 ～ 35	10 ～ 20
转速 /（$r \cdot min^{-1}$）	300 ～ 7 000	500 ～ 4 000	500 ～ 2 000	700 ～ 1 800	600 ～ 6 000
容积效率	0.7 ～ 0.95	0.8 ～ 0.95	0.8 ～ 0.9	0.85 ～ 0.95	0.9 ～ 0.98
总效率	0.6 ～ 0.85	0.75 ～ 0.85	0.7 ～ 0.85	0.55 ～ 0.92	0.85 ～ 0.95
流量脉动性	大	小	中	中	中
自吸特性	好	较差	较差	差	较差
对油的污染敏感性	不敏感	较敏感	较敏感	很敏感	很敏感
噪声	大	小	较大	大	大
寿命	较短	较长	较短	长	长
单位功率价格	低	中	较高	高	高

一般而言，由于各类液压泵有各自突出的特点，其结构、功用和动转方式也各不相同，因此应根据不同的使用场合选择合适的液压泵。一般在机床液压系统中，往往选用双作用叶片泵和限压式变量叶片泵；而在筑路机械、港口机械以及小型工程机械中往往选择抗污染能力较强的齿轮泵；在负载大、功率大的场合往往选择柱塞泵。

模块 3

液压执行元件

大国工匠——管延安

在液压传动系统中，将液压泵提供的液压能转变为机械能的能量转换装置称为液压执行元件，它包括液压缸和液压马达。液压马达习惯上是指输出旋转运动的液压执行元件，而把输出直线运动（其中包括摆动运动）的液压执行元件称为液压缸。

3.1 液压缸

液压缸是将液压泵输出的压力能转换为机械能的能量转换装置，其主要功能是实现运动部件的往复运动或摆动。

3.1.1 液压缸的类型和特点

液压缸的种类很多，其详细分类说明与符号见表 3-1。

表 3-1 常见液压缸的种类及特点

分类	名称	符号	说明
单作用液压缸	柱塞式液压缸		柱塞仅单向运动，返回行程是利用自重或负荷将柱塞推回
	单活塞杆液压缸		活塞仅单向运动，返回行程是利用自重或负荷将活塞推回
	双活塞杆液压缸		活塞的两侧都装有活塞杆，只能向活塞一侧供给压力油，返回行程通常利用弹簧力、重力或外力
	伸缩液压缸		它以短缸获得长行程。用液压油由大到小逐级推出，靠外力由小到大逐节缩回
双作用液压缸	单活塞杆液压缸		单边有杆，两向液压驱动，两向推力和速度不等
	双活塞杆液压缸		双向有杆，双向液压驱动，可实现等速往复运动
双作用液压缸	伸缩液压缸		双向液压驱动，伸出由大到小逐步推出，由小到大逐级缩回

续表

分类	名称	符号	说明
组合液压缸	弹簧复位液压缸		单向液压驱动，由弹簧力复位
	串联液压缸		用于缸的直径受限制，而长度不受限制处，获得大的推力
	增压缸（增压器）		由低压力室 *A* 缸驱动，使 *B* 室获得高压油源
	齿条传动液压缸		活塞往复运动经装在一起的齿条驱动齿轮，获得往复回转运动
摆动液压缸			输出轴直接输出扭矩，其往复回转的角度小于 360°，也称摆动马达

3.1.2 几种常用的液压缸

液压缸按其结构形式，可以分为活塞缸、柱塞缸和摆动缸三类。活塞缸和柱塞缸能实现往复运动，输出推力和速度，摆动缸则能实现小于 360° 的往复摆动，输出转矩和角速度。

1. 活塞式液压缸

活塞式液压缸根据其使用要求的不同分为双杆式和单杆式两种。其固定方式有缸体固定和活塞杆固定两种。

（1）双杆式活塞缸

双杆式活塞缸的活塞两端装有直径相等的活塞杆各一根，该活塞缸根据安装方式的不同又可以分为缸体固定式和活塞杆固定式两种。

图 3-1（a）所示为缸体固定式双杆活塞缸。它的进、出油口布置在缸筒两端，活塞通过活塞杆带动工作台移动，当缸的左腔进压力油，右腔回油时，活塞带动工作台向右移动；而缸的右腔进压力油，左腔回油时，活塞带动工作台向左移动。当活塞的有效行程为 l 时，整个工作台的运动范围为 $3l$，所以机床占地面积大，一般仅适用于小型机床。

图 3-1（b）所示为活塞杆固定的双杆活塞缸。其缸体与工作台相连，活塞杆通过

支架固定在机床上，动力由缸体传递。在这种安装形式中，当缸的左腔进压力油，右腔回油时，缸体带动工作台向左移动；反之，缸体带动工作台向右移动。其工作台的移动范围只等于液压缸有效行程 l 的两倍（$2l$），因此占地面积小。该活塞缸的进、出油口可以设置在固定不动的空心活塞杆的两端，使油液从活塞杆中进出，也可设置在缸体的两端，但必须用软管连接。当工作台行程要求较长时，可采用活塞杆固定的形式。

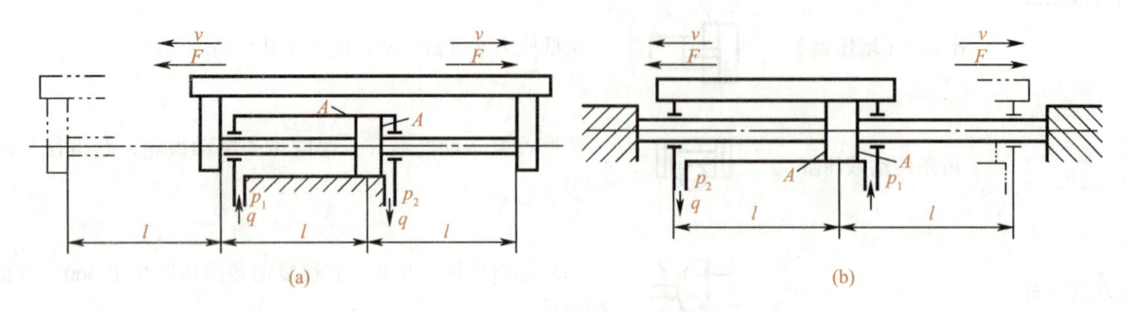

图 3-1　双杆活塞式液压缸

（a）缸体固定，活塞杆运动；（b）活塞杆固定，缸体运动

由于双杆活塞缸两端的活塞杆直径通常是相等的，因此它左、右两腔的有效面积也相等。当分别向左、右腔输入相同压力和流量的油液时，液压缸左、右两个方向的推力和速度相等。当活塞和活塞杆的直径分别为 D 和 d 时，液压缸进、出油腔的压力为 p_1 和 p_2，输入流量为 q_v 时，双杆活塞缸的推力 F 和速度 v 为

$$F = A(p_1 - p_2) = \frac{\pi}{4}(D^2 - d^2)(p_1 - p_2) \tag{3-1}$$

$$v = \frac{q_v}{A} = \frac{4q_v}{\pi(D^2 - d^2)} \tag{3-2}$$

式中，A 为活塞的有效工作面积。

双杆活塞缸在工作时，只有一个活塞杆是受力的，另一个活塞杆不受力，因此这种液压缸的活塞杆可以做得细些。

（2）单杆式活塞缸

图 3-2 所示为单杆活塞式液压缸，活塞只有一端带活塞杆。单杆液压缸也有缸体固定和活塞杆固定两种形式，但它们工作台移动范围都是活塞有效行程的两倍。

由于单杆活塞缸活塞两端有效面积不等，所以当相同流量的压力油分别进入液压缸的左、右两腔时，液压缸左、右两个方向输出的推力和速度不相等。此时，活塞移动的速度与进油腔的有效面积成反比，而活塞上产生的推力则与进油腔的有效面积成正比。

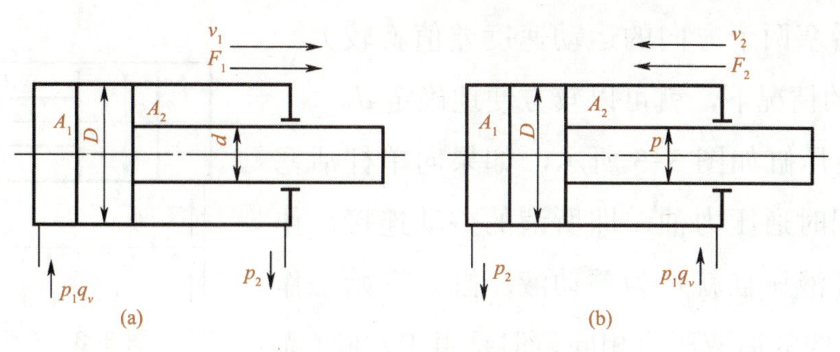

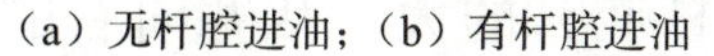

图 3-2　单杆活塞式液压缸

（a）无杆腔进油；（b）有杆腔进油

单杆活塞式液压缸

如图 3-2（a）所示，活塞缸无杆腔进压力油，有杆腔回油。当输入液压缸的油液流量为 q_v，液压缸进出油口的压力分别为 p_1 和 p_2 时，该活塞缸活塞上所产生的推力 F_1 和速度 v_1 为

$$F_1 = A_1p_1 - A_2p_2 = \frac{\pi}{4}\left[\left(p_1 - p_2\right)D^2 + p_2d^2\right] \tag{3-3}$$

若回油腔直接接油箱，则

$$F_1 = A_1p_1 = \frac{\pi p_1}{4}D^2 \tag{3-4}$$

无杆腔进油，活塞输出的速度为

$$v_1 = \frac{q_v}{A_1} = \frac{4q_v}{\pi D^2} \tag{3-5}$$

如图 3-2（b）所示，当有杆腔进压力油，无杆腔回油时，即油液从如图 3-2（b）所示的右腔（有杆腔）输入时，其活塞上所产生的推力 F_2 和速度 v_2 为

$$F_2 = A_2p_1 - A_1p_2 = \frac{\pi}{4}\left[\left(p_1 - p_2\right)D^2 - p_1d^2\right] \tag{3-6}$$

若回油腔直接接油箱，则

$$F_2=A_2p_1 \tag{3-7}$$

有杆腔进油，活塞输出的速度为

$$v_2 = \frac{q_v}{A_2} = \frac{4q_v}{\pi\left(D^2 - d^2\right)} \tag{3-8}$$

由上式可知，由于 $A_1 > A_2$，所以 $F_1 > F_2$。若把两个方向上的输出速度 v_2 和 v_1 的比值称为速度比，记作 λ_v，则

$$\lambda_v = \frac{v_2}{v_1} = \frac{1}{1-\left(d/D\right)^2} \tag{3-9}$$

因此，活塞杆直径越小，λ_v 越接近于 1，活塞两个方向的速度差值也就越小。如果

活塞杆较粗，活塞两个方向的运动速度差值就较大。在 D 和 λ_v 已知的情况下，就可以较方便地确定 d。

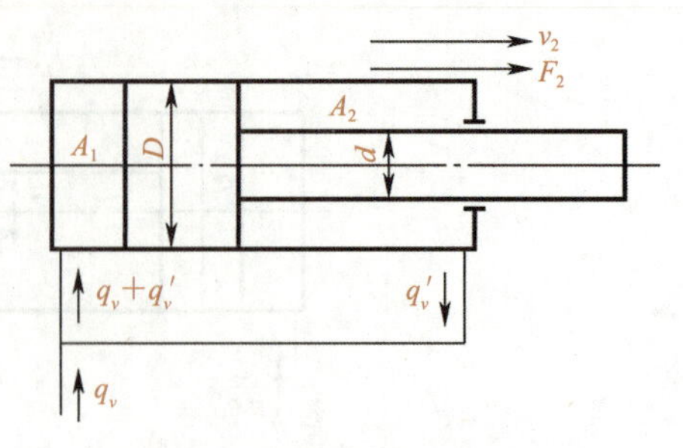

图 3-3　差动连接液压缸

差动连接液压缸如图 3-3 所示，如果向单杆活塞缸的左右两腔同时通压力油，即所谓的差动连接，作差动连接的单杆液压缸就称为差动液压缸。开始工作时差动缸左右两腔的油液压力相同，但是由于左腔（无杆腔）的工作面积比右腔（有杆腔）的大，活塞向右的推力大于向左的推力，故活塞向右运动，同时使右腔排出的油液（流量为 q_v'）也进入左腔，加大了流入左腔的流量（q_v+q_v'），从而加快了活塞移动的速度。实际上，活塞在运动时，由于差动缸两腔间的管路中有压力损失，所以右腔中油液的压力稍大于左腔油液的压力。因这个差值一般都较小可以忽略不计，故差动缸活塞推力 F_3 和运动速度 v_3 为

$$F_3 = p_1\left(A_1 - A_2\right) = p_1\frac{\pi}{4}d^2 = \frac{\pi p_1}{4}d^2 \tag{3-10}$$

$$v_3 = \frac{4q_v}{\pi d^2} \tag{3-11}$$

比较式（3-4）、式（3-10）可知，$F_3 < F_1$；比较式（3-5）、式（3-11）可知，$v_3 > v_1$。这说明在输入流量和工作压力相同的情况下，差动连接时液压缸的推力比非差动连接时小，速度比非差动连接时大，也就是说单杆活塞缸差动连接时活塞速度提高，同时推力下降。利用这一点正好可使活塞缸在不加大油源流量的情况下得到较快的运动速度，因此这种连接方式被广泛应用于组合机床的液压动力滑台和其他机械设备的快速运动中。

如果要求快速前进和退回速度相等，即 $v_2=v_3$，则推导出其条件为

$$D = \sqrt{2}d \tag{3-12}$$

2. 柱塞缸

柱塞缸是一种单作用液压缸，它在液压力的作用下只能实现单方向的运动，回程需要借助其他外力来实现。其工作原理如图 3-4（a）所示，柱塞与工作部件连接，缸筒固定在机体上。当压力油进入缸筒时，柱塞在液压力的推动下带动运动部件向右运动，但它反向退回时必须靠其他外力或自重驱动。若要实现柱塞缸的双向运动，则柱塞缸通常需将其布置成如图 3-4（b）所示的成对反向。

柱塞式液压缸的主要特点是柱塞与缸筒无配合要求，缸筒内孔不需精加工，甚至可以不加工。此外，由于柱塞运动时由缸盖上的导向套来导向，所以该液压缸特别适用于行程较长的场合。

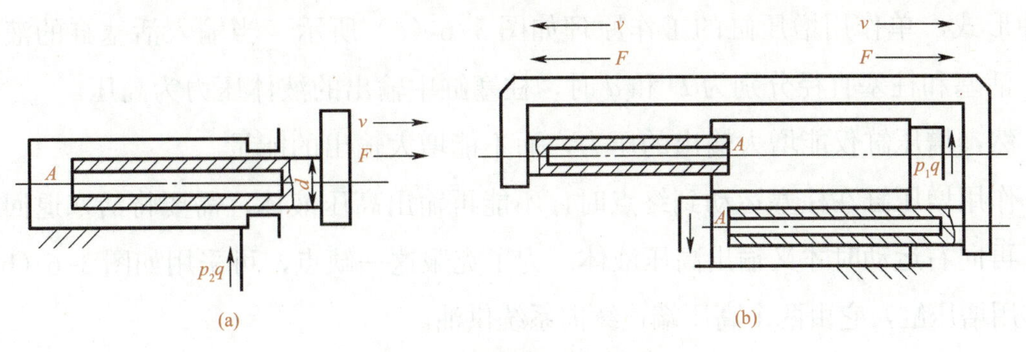

图 3-4　柱塞式液压缸工作原理

（a）单向运动；（b）双向运动

3. 摆动缸

摆动式液压缸也称摆动液压马达。它用于将液压油的压力能转变为使其输出轴往复摆动的机械能，如图 3-5 所示。当它通入压力油时，它的主轴能输出小于 360° 的摆动运动。摆动缸常用于工夹具夹紧装置、送料装置、转位装置以及需要周期性进给的系统中。

图 3-5（a）所示为单叶片摆动缸，其中 b 为叶片的宽度，R_1、R_2 为叶片底部、顶部的回转半径。图 3-5（b）所示为双叶片式摆动缸，它的输出转矩是单叶片式的两倍，而角速度则是单叶片式的一半。

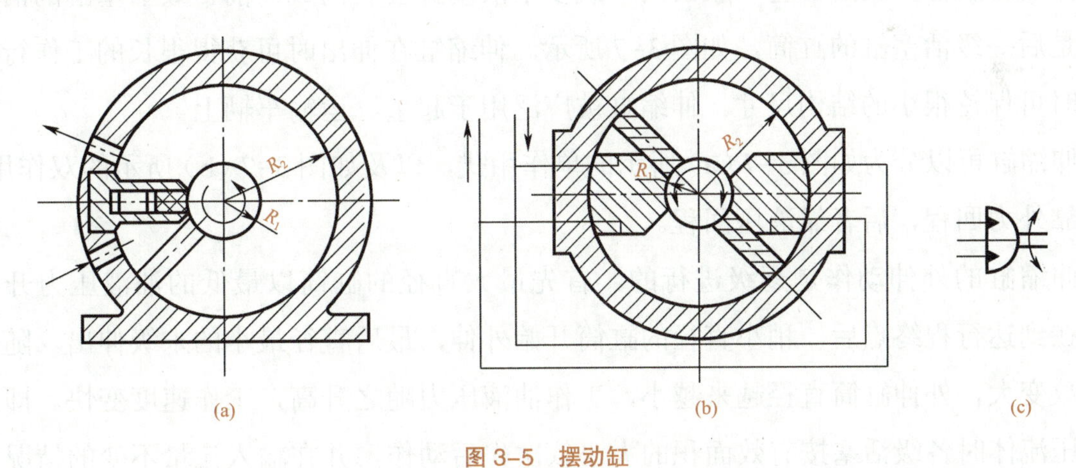

图 3-5　摆动缸

（a）单叶片式；（b）双叶片式；（c）图形符号

3.1.3　其他液压缸

1. 增压液压缸

增压液压缸又称增压器。图 3-6 所示是一种由活塞缸和柱塞缸组成的增压缸，它利用活塞和柱塞有效面积的不同，使液压系统中的局部区域获得高压。它有单作用和双作用两种形式，单作用增压缸的工作原理如图 3-6（a）所示。当输入活塞缸的液体压力为 p_1，活塞和柱塞直径分别为 D 和 d 时，柱塞缸中输出的液体压力为高压。

显然，增压缸仅能增大输出的压力，而不能增大输出的能量。

单作用增压缸在柱塞运动到终点时，不能再输出高压液体，需要将活塞退回到左端位置，再向右运动时才又输出高压液体。为了克服这一缺点，可采用如图 3-6（b）所示的双作用增压缸，它由两个高压端连续向系统供油。

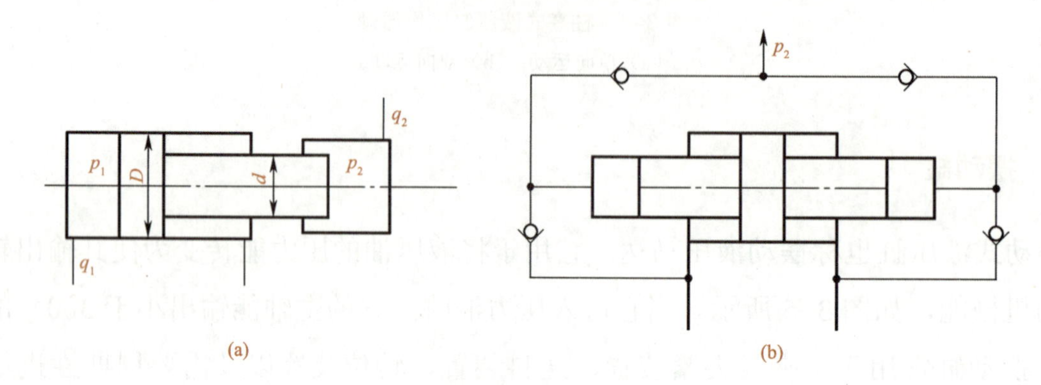

图 3-6　增压缸

（a）单作用增压缸；（b）双作用增压缸

2. 伸缩缸

伸缩缸又称多级缸，它一般由两个或多个活塞缸套装而成，前一级活塞缸的活塞杆内孔是后一级活塞缸的缸筒，如图 3-7 所示。伸缩缸在伸出时可获得很长的工作行程，缩回时可保持很小的结构尺寸。伸缩缸被广泛用于起重、运输车辆上。

伸缩缸可以分为如图 3-7（a）所示的单作用式，以及如图 3-7（b）所示的双作用式，前者靠外力回程，后者靠液压回程。

伸缩缸的外伸动作是逐级进行的。首先最大直径的缸筒以最低的油液压力开始外伸，在到达行程终点后，稍小直径的缸筒开始外伸，最后直径最小的末级伸出。随着工作级数变大，外伸缸筒直径越来越小，工作油液压力随之升高，工作速度变快。即在通入有压流体时各级活塞按有效面积的大小依次先后动作，并在输入流量不变的情况下，输出推力逐级减小，速度逐级加大。

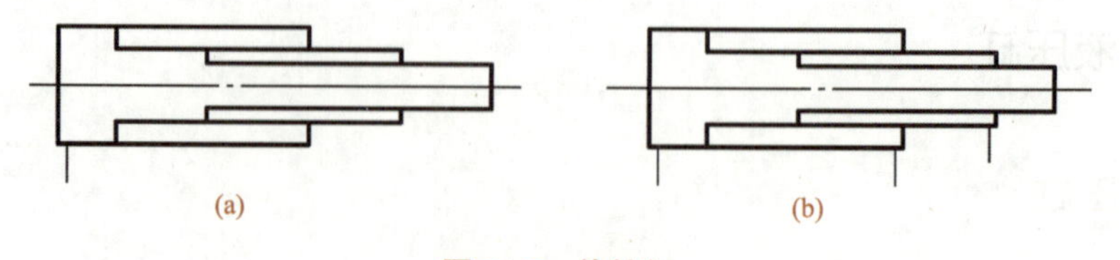

图 3-7　伸缩缸

（a）单作用式；（b）双作用式

3. 齿轮齿条缸

齿轮齿条活塞缸又称无杆式液压缸，如图 3-8 所示，它由带有齿条杆的双活塞缸和齿轮齿条机构组成。活塞的往复运动经齿轮齿条机构转换成齿轮轴的周期性往复转动。它用来实现工作部件的往复摆动或间歇进给运动，多用于自动生产线、组合机床等的转位或分度机构中。

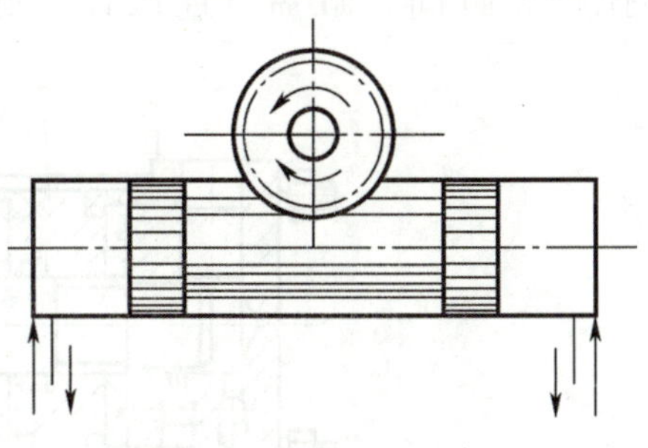

图 3-8　齿轮齿条活塞缸

3.1.4　液压缸的典型结构和组成

1. 液压缸的典型结构举例

图 3-9 所示为一个较常用的双作用单活塞杆液压缸。它主要由缸底 20、缸筒 10、缸盖兼导向套 9、活塞 11 和活塞杆 18 组成。缸筒一端与缸底焊接，为方便拆装检修，缸筒另一端与缸盖（导向套）用卡键 6、套 5 和弹簧挡圈 4 固定，缸筒两端设有油口 *A* 和 *B*。活塞 11 与活塞杆 18 用卡键 15、卡键帽 16 和弹簧挡圈 17 连在一起。活塞与缸孔采用一对 Y 形聚氨酯密封圈 12 密封，由于活塞与缸孔有一定间隙，故采用由尼龙 1010 制成的耐磨环（支承环）13 定心导向。活塞杆 18 和活塞 11 的内孔由 O 形密封圈 14 密封。较长的导向套 9 则可保证活塞杆不偏离中心，其外径由 O 形密封圈 7 密封，而其内孔则由 Y 形聚氨酯密封圈 8 和防尘圈 3 密封，以防止油外漏和灰尘进入缸内。缸和杆端销孔与外界连接，销孔内有尼龙衬套抗磨。

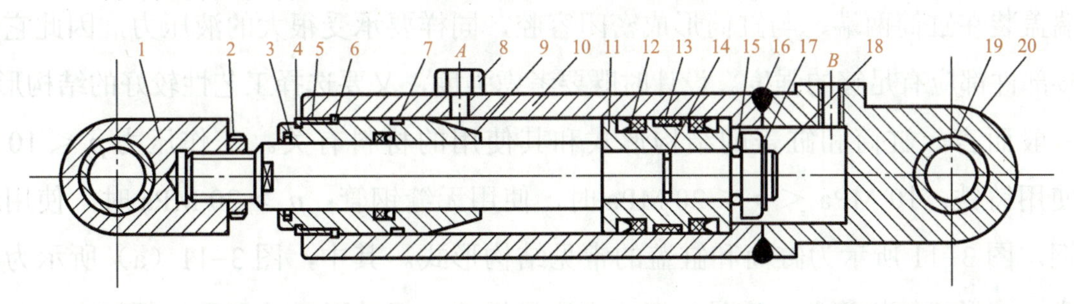

1—耳环；2—螺母；3—防尘圈；4、17—弹簧挡圈；5—套；6、15—卡键；7、14—O 形密封圈；8、12—Y 形聚氨酯密封圈；9—缸盖兼导向套；10—缸筒；11—活塞；13—耐磨环；16—卡键帽；18—活塞杆；19—衬套；20—缸底

图 3-9　常用的双作用单活塞杆液压缸

图 3-10 所示为单杆活塞缸的典型结构。它主要由缸筒 3，活塞 2，活塞杆 8，前、后缸盖 1、4，导向套 6 和拉杆 7 等组成。当压力油从 *a* 孔或 *b* 孔进入缸筒 3 时，活塞在油压作用下实现往复运动。为减小冲击和震动，在缸两端设有缓冲及排气装置。为防

止泄漏，在缸筒与活塞、活塞杆与导向套以及缸筒与缸盖等处均安装了密封圈，并利用拉杆将缸筒、缸盖等连接在一起。

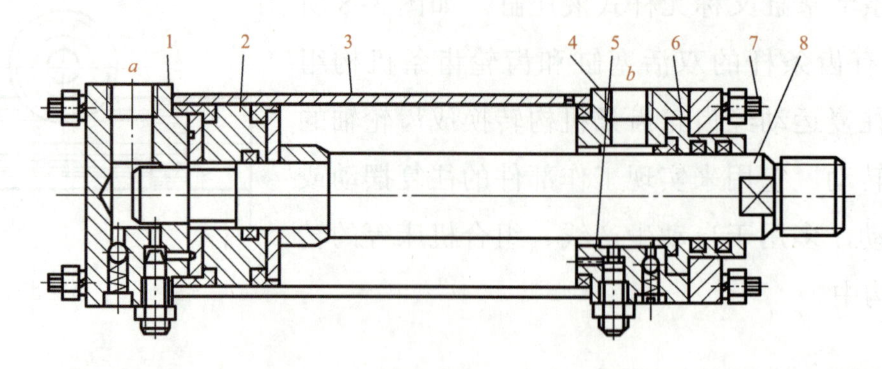

1—前缸盖；2—活塞；3—缸筒；4—后缸盖；5—缸头；6—导向套；7—拉杆；8—活塞杆

图 3-10 单杆活塞缸的典型结构

2. 液压缸的组成

从上面所述的液压缸的典型结构中可以看出，液压缸的结构基本上可以分为缸筒和缸盖、活塞和活塞杆、密封装置、缓冲装置和排气装置 5 个部分。

（1）缸筒和缸盖

缸筒是液压缸的主体，它与端盖、活塞等零件构成密闭的容腔，承受油压，因此要有足够的强度和刚度，以抵抗油液压力和其他外力的作用。缸筒内孔一般采用镗削、铰孔、滚压或珩磨等精密加工工艺制造，要求其表面粗糙度 Ra 为 0.1 ～ 0.4 μm，以使活塞及其密封件、支承件能顺利滑动并保证密封效果，减少磨损。为了防止腐蚀，缸筒内表面有时需镀铬。

端盖装在缸筒两端，与缸筒形成密闭容腔，同样要承受很大的液压力，因此它们及其连接部件都应有足够的强度。设计时既要考虑强度，又要选择工艺性较好的结构形式。

一般而言，缸筒和缸盖的结构形式和其使用的材料有关。工作压力 $p < 10$ MPa 时，使用铸铁；10 MPa $< p <$ 20 MPa 时，使用无缝钢管；$p >$ 20 MPa 时，使用铸钢或锻钢。图 3-11 所示为缸筒和缸盖的常见结构形式。其中，图 3-11（a）所示为法兰连接式，该形式结构简单，容易加工，也容易拆装，但外形尺寸和重量都较大，常用于铸铁制的缸筒上。图 3-11（b）所示为半环连接式，它的缸筒壁部因开了环形槽而削弱了强度，为此有时要加厚缸壁，它容易加工和拆装，重量较轻，常用于无缝钢管或锻钢制的缸筒上。图 3-11（c）所示为螺纹连接式，它的缸筒端部结构复杂，加工时要保证内外径同心，拆装要使用专用工具，它的外形尺寸和重量都较小，常用于无缝钢管或铸钢制的缸筒上。图 3-11（d）所示为拉杆连接式，该结构的通用性大，容易加工和拆装，但外形尺寸较大，且较重。图 3-11（e）所示为焊接连接式，该形式结构简单，尺寸小，但缸底处内径不易加工，且可能引起变形。

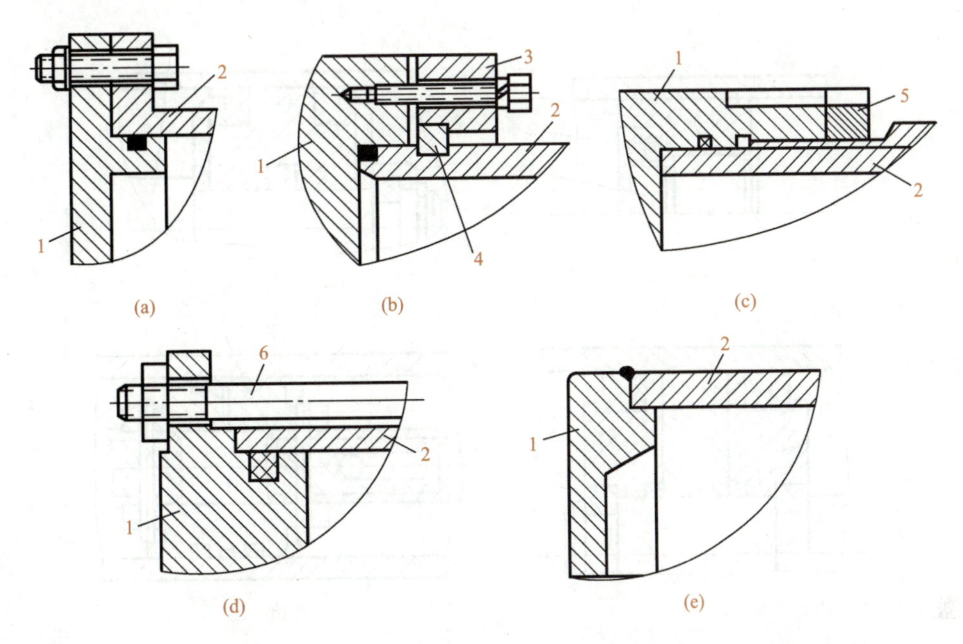

1—缸盖；2—缸筒；3—压板；4—半环；5—防松螺帽；6—拉杆

图 3-11 缸筒和缸盖的结构形式

（a）法兰连接式；（b）半环连接式；（c）螺纹连接式；（d）拉杆连接式；（e）焊接连接式

（2）活塞与活塞杆

活塞受油压的作用在缸筒内作往复运动，因此，活塞必须具备一定的强度和良好的耐磨性。活塞一般用铸铁制造。活塞的结构通常分为整体式和组合式两类。

活塞杆是连接活塞和工作部件的传力零件，它必须具有足够的强度和刚度。通常，活塞杆无论是实心还是空心，都用钢料制造。活塞杆在导向套内作往复运动，其外圆表面应当耐磨并有防锈能力，故活塞杆外圆表面有时需镀铬。

当液压缸行程较短时，往往将活塞杆与活塞做成一体，这也是最简单的形式。但当行程较长时，加工这种整体式活塞组件较费事，所以常把活塞与活塞杆分开制造，然后再连成一体。图 3-12 所示为活塞与活塞杆的几种常见连接形式。

图 3-12（a）所示为活塞与活塞杆之间采用螺母连接的形式，它适用于负载较小，无力冲击的液压缸。螺纹连接虽然结构简单，安装方便可靠，但在活塞杆上车螺纹将削弱其强度。图 3-12（b）和图 3-12（c）所示为卡环式连接方式。图 3-12（b）中活塞杆 5 上开有一个环形槽，槽内装有两个半环 3 以夹紧活塞 4，半环 3 由轴套 2 套住，而轴套 2 的轴向位置用弹簧卡圈 1 来固定。图 3-12（c）中的活塞杆上装有两个半环 4，它们分别由两个密封圈座 2 套住，半圆形的活塞 3 安放在密封圈座的中间。图 3-12（d）

所示是一种径向销式连接结构，活塞 2 由锥销 1 固连在活塞杆 3 上，这种连接方式特别适用于双杆式活塞。

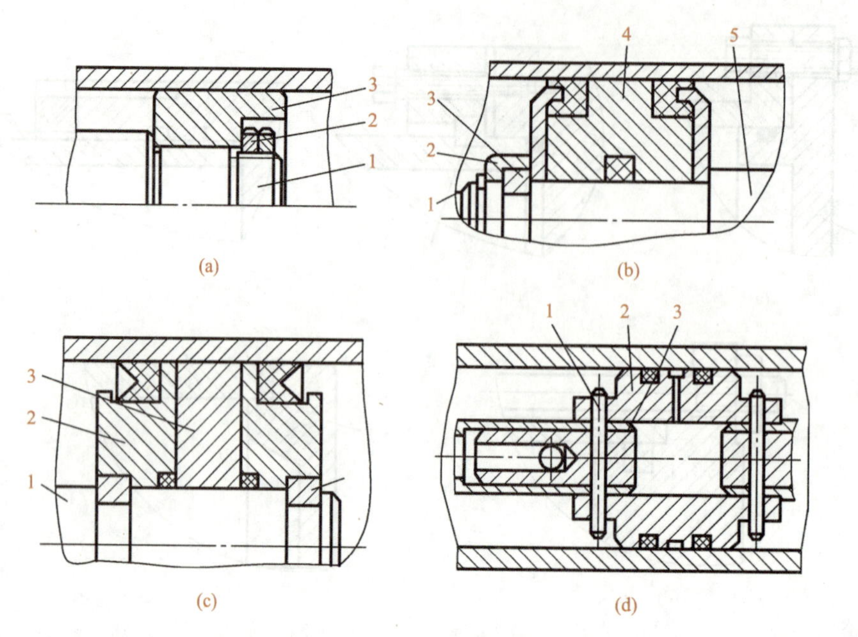

图 3-12 常见的活塞组件结构形式

（a）螺母连接：1—活塞；2—螺母；3—活塞杆；（b）卡环式连接：1—弹簧卡；2—轴套；3—半环；4—活塞；5—活塞杆；（c）卡环式连接：1—活塞杆；2—密封圈座；3—活塞；4—半环；（d）径向销式连接：1—锥销；2—活塞；3—活塞杆

（3）密封装置

液压缸的密封主要是指活塞、活塞杆处的动密封和缸盖等处的静密封，液压缸的密封装置用以防止油液的泄漏，常采用 O 形密封圈和 Y 形密封圈。

液压缸中常见的密封装置如图 3-13 所示。图 3-13（a）所示为间隙密封，它依靠运动件间的微小间隙来防止泄漏。为了提高这种装置的密封能力，常在活塞的表面上制出几条细小的环形槽，以增大油液通过间隙时的阻力。它结构简单，摩擦阻力小，可耐高温，但泄漏大，加工要求高，磨损后无法恢复原有能力，因此只能在尺寸较小、压力较低、相对运动速度较高的缸筒和活塞间使用。图 3-13（b）所示为摩擦环密封，它依靠套在活塞上的摩擦环（由尼龙或其他高分子材料制成）在 O 形密封圈弹力作用下贴紧缸壁而防止泄漏。这种装置密封效果较好，摩擦阻力较小且稳定，可耐高温，磨损后有自动补偿能力，但加工要求高，拆装较不便，仅仅适用于缸筒和活塞之间的密封。图 3-13（c）、3-13（d）所示为密封圈（O 形圈、V 形圈等）密封，它利用橡胶或塑料的弹性使各种截面的环形圈贴紧在静、动配合面之间来防止泄漏。它结构简单，制造方便，磨损后有自动补偿能力，性能可靠，在缸筒和活塞之间、缸盖和活塞杆之间、活塞和活塞杆之间、缸筒和缸盖之间都能使用。

对于活塞杆外伸部分来说，由于它很容易把脏物带入液压缸，使油液受污染、密封件磨损，因此常需在活塞杆密封处增添防尘圈，并将其放在向着活塞杆外伸的一端。

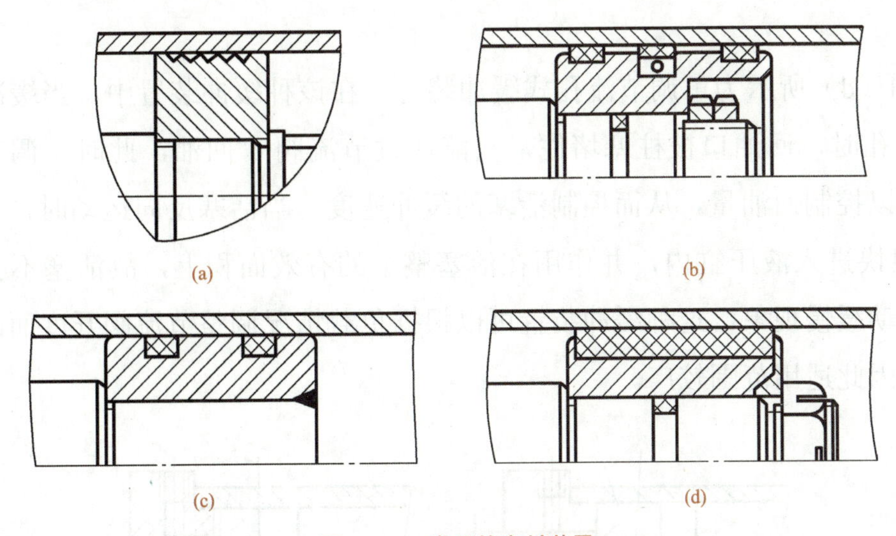

图 3-13 常见的密封装置

（a）间隙密封；（b）摩擦环密封；（c）O 形圈密封；（d）V 形圈密封

（4）缓冲装置

为了防止活塞在行程的终点与前后端盖板发生碰撞，引发噪声，影响工件精度或使液压缸损坏，常在液压缸前后端盖上设置缓冲装置，以使活塞移到快接近行程终点时速度减慢下来并终至停止。

缓冲装置的工作原理如下：利用活塞或缸筒，使其在走向行程终端时，封住活塞和缸盖之间的部分油液，强迫它从小孔或细缝中挤出，以产生很大的阻力使工作部件制动，并逐渐减慢运动速度，最终达到避免活塞和缸盖相互撞击的目的。液压缸中常见的缓冲装置如图 3-14 所示。

图 3-14（a）所示为圆柱形环隙式缓冲装置。在该种缓冲装置中，当缓冲柱塞 A 进入缸盖上的内孔时，缸盖和活塞间形成环形缓冲油腔 B，被封闭的油液只能经环形间隙 δ 排出，产生缓冲压力，从而实现减速缓冲。由于这种装置回油通道的节流面积不变，因而缓冲开始时产生的缓冲制动力很大。此装置缓冲效果较差，液压冲击较大，且实现减速需较长行程。但它结构简单，便于设计和降低成本，所以一般在系列化的成品液压缸中采用这种缓冲装置。

图 3-14（b）所示为圆锥形环隙式缓冲装置。由于该种缓冲装置的缓冲柱塞 A 为圆锥形，在缓冲行程中缓冲环形间隙 δ 随位移量不同而改变，所以该装置的节流面积随缓冲行程的增大而缩小，从而使机械能的吸收较均匀。该装置缓冲效果较好，但仍有液压冲击。

图 3-14（c）所示为可变节流槽式缓冲装置。该种缓冲装置的缓冲柱塞 *A* 上开有三角节流沟槽，节流面积随着缓冲行程的增大而逐渐减小，从而使缓冲压力变化较平缓。

图 3-14（d）所示为可调节流孔式缓冲装置。在该种缓冲装置中，当缓冲柱塞 *A* 进入到缸盖内孔时，回油口被柱塞堵住，只能通过节流阀 *C* 回油，此时，调节节流阀的开度，就可以控制回油量，从而控制活塞的缓冲速度。当活塞反向运动时，压力油通过单向阀 *D* 很快进入液压缸内，并作用在活塞整个的有效面积上，故活塞不会因推力不足而产生启动缓慢现象。这种缓冲装置可以根据负载情况调整节流阀开度而改变缓冲压力的大小，因此适用范围较广。

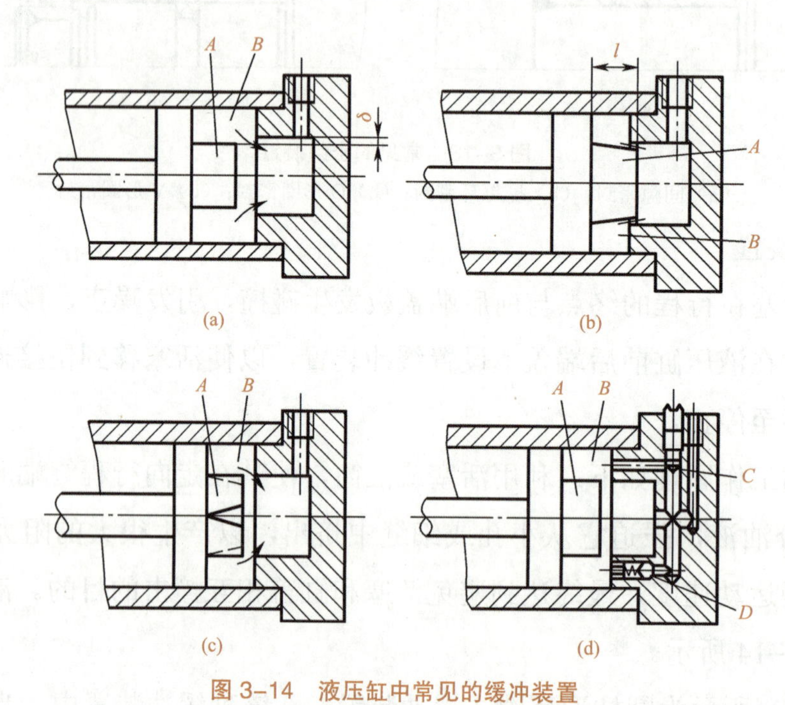

图 3-14　液压缸中常见的缓冲装置

（a）圆柱形环隙式；（b）圆锥形环隙式；（c）可变节流槽式；（d）可调节流孔式

（5）排气装置

在液压系统安装或停止工作又重新启动时，液压缸和管道系统中会渗入空气。为了防止执行元件出现爬行、噪声和发热等不正常现象，必须把液压系统中的空气排出去。对于速度稳定性要求不高的液压缸往往不设专门的排气装置，而是将其油口布置在缸筒两端的最高处，通过回油使缸内的空气排往油箱后，再从油面逸出；对于速度稳定性要求较高的液压缸或大型液压缸，常在液压缸两侧的最高位置处（该处往往是空气聚积的地方）设置专门的排气装置。常用的排气装置如图 3-15 所示。

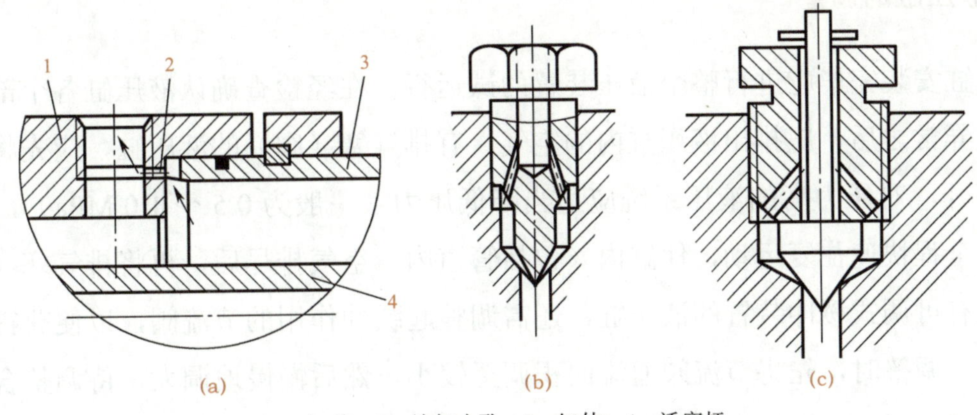

1—缸盖；2—放气小孔；3—缸体；4—活塞杆

图 3-15　常见的排气装置

（a）液压缸；（b）排气阀；（c）排气塞

3.1.5　液压缸的安装、调整、常见故障和排除方法

1. 液压缸的装配与安装

液压缸的装配和安装，对系统工作性能有很大影响。在装配和安装时，应注意以下几点。

1）装配前应清洗零件和去除其毛刺。

2）活塞与活塞杆组装好后，应检测两者的同轴度（一般应小于 ϕ0.04 mm）和活塞杆的直线度（一般应小于 ϕ0.1/1 000）。

3）缸盖装上后，应调整活塞与缸体内孔、缸盖导孔的同轴度，均匀紧固螺钉，以使活塞在全行程内移动均匀一致。

4）液压缸装配应符合要求，在机床上安装好后，必须检测液压缸轴线对机床导轨面的平行度。同时还应保证轴线与负载作用轴线的同轴度，以免因侧向力的存在力而导致密封件、活塞和缸体内孔过早磨损损坏。

5）对于较长的液压缸，应考虑热变形和受力变形对液压缸工作性能的影响。

6）液压缸的密封圈（特别是 V 形密封圈）不应调得过紧。若过紧，活塞运动阻力会增大，同时也会导致密封圈工作面因无油润滑而严重磨损。伸出的活塞杆上能见到油膜，但无泄漏，即认为密封圈松紧合适。

总之，在装配和安装液压缸时，必须严格按技术要求进行操作和检测，以保证其工作可靠。

2. 液压缸的调整

液压缸安装完毕应进行整个液压装置的试运行。在经检查确认液压缸各个部位无泄漏及其他异常之后，应排出液压缸内的空气。有排气塞（阀）的液压缸，应先将排气塞（阀）打开，对压力高的液压系统应适当降低压力（一般为 0.5 ~ 1.0 MPa），先让液压缸空载全程快速往复运动，使缸内（包括管道内）空气排尽后，再将排气塞（阀）关闭。对于有可调式缓冲装置的液压缸，还需调整起缓冲作用的节流阀，以便获得满意的缓冲效果。调整时，先将节流阀通流面积调至较小，然后慢慢地调大，待调整合适后再锁紧。在试运行中，应检查进、回油口配管部位和密封部位有无漏油，以及各连接处是否牢固可靠，以防事故发生。

3. 液压缸的常见故障及排除方法

液压缸的故障有很多种，除泄漏现象能在液压 缸试运行时发现外，其余故障多在液压系统工作时才能暴露出来。液压缸的常见故障及排除方法见表 3–2。

表 3–2 液压缸的常见故障及排除方法

故障现象	产生原因	排除方法
爬行	①空气混入	①打开排气塞（阀），使运动部件空载全行程快速往复运动 20 ~ 30 min
	②活塞杆的密封圈压得太紧	②调整密封圈，保证活塞杆能用手推拉动而在试车时无泄漏即可（允许有微量渗油，即在活塞杆上能见到油膜）
	③活塞杆与活塞同轴度过低	③校正活塞与活塞杆组件，保证其同轴度小于 ϕ0.04 mm
	④活塞杆弯曲变形	④校正（或更换）活塞杆，保证直线度小于 ϕ0.1/1 000
	⑤安装精度被破坏	⑤检查和调整液压缸轴线对导轨面的平行度及与负载作用线的同轴度
	⑥缸体内孔圆柱度超差	⑥镗磨缸体内孔，然后配制活塞（或增装 O 形密封圈）
	⑦活塞杆两端螺母太紧，导致活塞与缸体内孔同轴度降低	⑦活塞杆两端的螺母不宜太紧，一般应使活塞杆在液压缸未工作时处于自然状态
	⑧采用间隙密封的活塞，其压力平衡槽局部被磨损掉，不能保证活塞与缸体孔同轴	⑧更换活塞
	⑨导轨润滑不良	⑨适当增加导轨的润滑油量（或采用具有防爬性能的 L–HG 液压油）
推力不足或速度逐渐下降甚至停止	①缸体内孔和活塞的配合隙太小，或活塞上装 O 形密封圈的槽与活塞不同轴	①单配活塞保证间隙，或修正活塞密封圈槽使之与活塞外圆同轴

续表

故障现象	产生原因	排除方法
推力不足或速度逐渐下降甚至停止	②缸体内孔和活塞配合间隙太大或 O 形密封圈磨损严重	②单配活塞保证间隙，或更换 O 形密封圈
	③工作时经常用某一段，造成缸体内孔圆柱度误差增大	③镗磨缸体内孔，单配活塞
	④活塞杆弯曲，造成偏心环状间隙	④校直（或更换）活塞杆
	⑤活塞杆的密封圈压得太紧	⑤调整密封圈压紧力，以不漏油为限（允许微量渗油）
	⑥油温太高，油液黏度降低太大	⑥分析油温太高的原因，消除温升太高的根源
	⑦导轨润滑不良	⑦调整润滑油量

3.2　液压马达

液压马达（简称马达）是将液压能转换为机械能的能量转换装置，以旋转运动向外输出机械能，使输出轴得到转矩和转速。其图形符号如图 3-16 所示。

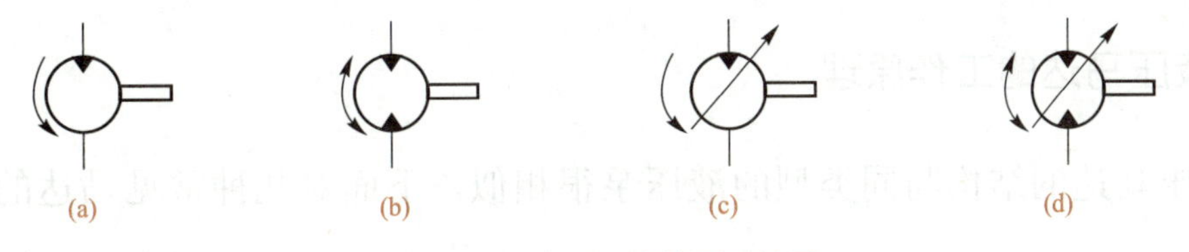

图 3-16　液压马达的图形符号

（a）单向定量马达；（b）双向定量马达；（c）单向变量马达；（d）双向变量马达

3.2.1　液压马达的特点和分类

液压马达是把液体的压力能转换为机械能的装置。从能量转换的观点来看，液压泵与液压马达是可逆工作的液压元件，即液压泵可以作液压马达用，液压马达也可作液压泵用。向任何一种液压泵输入工作液体，都可使其变成液压马达工况；反之，当液压马达的主轴由外力矩驱动旋转时，也可变为液压泵工况。这是因为它们具有同样的基本结构要素——密闭而又可以周期变化的容积和相应的配油机构。

同类型的液压泵和液压马达虽然在工作原理上相似，但两者工作情况的不同，使两者在结构上有一些差异。同时，由于对它们性能的要求也不一样，所以同类型的液压马达和液压泵之间仍存在许多差别。首先，液压马达应能够正、反转，因而必须要求其内部结构对称，其转速范围也需要足够大，特别对它的最低稳定转速有一定的要求，因此，它通常都采用滚动轴承或静压滑动轴承。其次，液压马达由于在输入压力油作用下工作，因而不必具备自吸能力，它需要一定的初始密封性，才能提供必要的启动转矩。鉴于这些差别的存在，液压马达和液压泵只是在工作原理事上比较相似，但不能可逆工作。

液压马达按其结构类型可以分为齿轮式、叶片式、柱塞式和其他形式。

按液压马达的额定转速可分为高速和低速两大类。额定转速高于 500 r/min 的属于高速液压马达，额定转速低于 500 r/min 的属于低速液压马达。

高速液压马达的基本形式有齿轮式、螺杆式、叶片式和轴向柱塞式等。它们的主要特点是转速较高、转动惯量小，便于启动和制动，调节（调速及换向）灵敏度高。通常高速液压马达输出转矩不大（仅几十到几百 N · m），所以高速液压马达又称为高速小转矩液压马达。

低速液压马达的基本形式是径向柱塞式，此外也有轴向柱塞式、叶片式和齿轮式等结构形式。低速液压马达的主要特点是排量大、体积大、转速低（有时仅为每分钟几转甚至零点几转），因此不需要减速装置就可直接与工作机构连接，从而使传动机构大为简化。通常低速液压马达输出转矩较大（可达几千到几万 N · m），所以低速液压马达又称为低速大转矩液压马达。

3.2.2 液压马达的工作原理

常用液压马达的结构与同类型的液压泵很相似，下面对几种常见马达的工作原理进行介绍。

1. 叶片液压马达

图 3-17 所示为叶片液压马达的工作原理图。

当压力为 p 的油液从进油口进入叶片 1 和叶片 3 之间时，叶片 2 因两面均受液压油的作用不产生转矩。叶片 1、3 上，一面作用有压力油，另一面为低压油。由于叶片 3 伸出的面积大于叶片 1 伸出的面积，因此作用于叶片 3 上的总液压力大于作用于叶片 1 上的总液压力，于是，压力差使

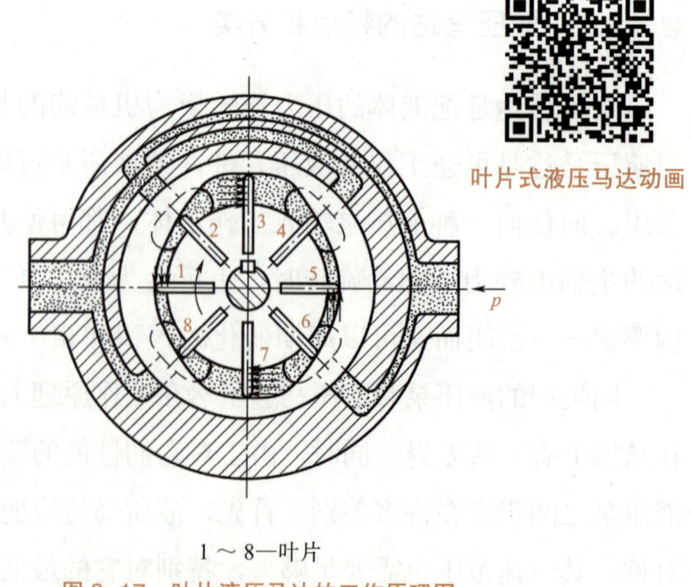

1～8—叶片

图 3-17 叶片液压马达的工作原理图

转子产生顺时针的转矩。同样道理，压力油进入叶片 5 和叶片 7 之间时，由于叶片 7 伸出的面积大于叶片 5 伸出的面积，转子也产生顺时针的转矩。当输油方向改变时，液压马达就反转。这样，液压马达就把油液的压力能转变成了机械能。以上就是叶片液压马达的工作原理。

因此，当定子的长短径差值越大，转子的直径越大，以及输入的压力越高时，叶片马达输出的转矩也越大。对结构尺寸已确定的叶片马达，其输出转矩 T 取决于输入油的压力。

由于压力油作用，受力不平衡使转子产生转矩。叶片液压马达的输出转矩与液压马达的排量和进出油口之间的压力差有关，其转速由输入液压马达的流量大小来决定。

由于液压马达一般都要求能正反转，所以叶片液压马达的叶片要径向放置。为了使叶片根部始终通有压力油，在回、压油腔通入叶片根部的通路上应设置单向阀。同时，为了确保叶片液压马达在压力油通入后能正常启动，还必须使其叶片顶部和定子内表面紧密接触，以保证良好的密封，因此在叶片根部还应设置预紧弹簧。

叶片液压马达体积小，转动惯量小，动作灵敏，可适用于换向频率较高的场合，但其泄漏量较大，低速工作时不稳定。因此叶片液压马达一般用于转速高、转矩小和动作要求灵敏的场合。

2. 径向柱塞式液压马达

图 3-18 所示为径向柱塞液压马达工作原理图。当压力油经固定的配油轴 4 的窗口进入缸体 3、柱塞 1 的底部时，柱塞向外伸出，紧紧顶住定子 2 的内壁。由于定子与缸体存在一偏心距 e，力 F_T 对缸体产生一转矩，使缸体旋转，缸体再通过与端面连接的传动轴向外输出转矩和转速。

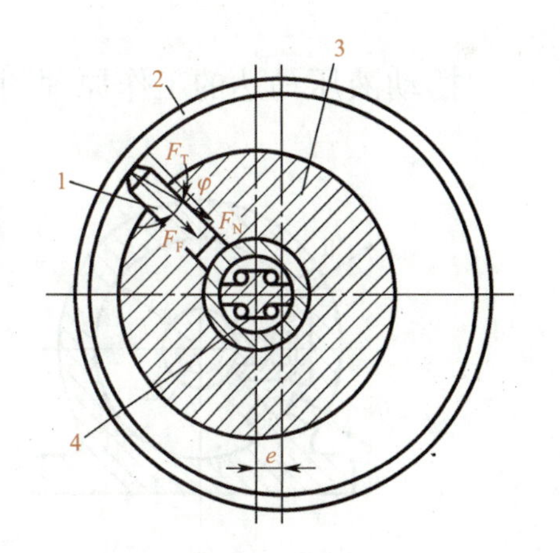

1—柱塞；2—定子；3—缸体；4—配油轴

图 3-18　径向柱塞液压马达工作原理图

上面分析的是一个柱塞产生转矩的情况，实际上，在压油区有好几个柱塞，在这些柱塞上所产生的转矩都使缸体旋转，并输出转矩。径向柱塞液压马达多用于低速大转矩的情况下。

3. 轴向柱塞马达

轴向柱塞马达的结构形式基本上与轴向柱塞泵一样，故其种类与轴向柱塞泵相同，也分为直轴式轴向柱塞马达和斜轴式轴向柱塞马达两类。斜轴式轴向柱塞马达的工作原理图如图 3-19 所示。

当压力油进入液压马达的高压腔之后，工作柱塞受到的油压作用力为 pA（p 为油压力，A 为柱塞面积），通过滑靴压向斜盘，其反作用力为 N。力 N 分解成两个分力，一个是沿柱塞轴向的分力 p，它与柱塞所受液压力平衡；另一分力为 F，它与柱塞轴线垂直向下，与缸体中心线的距离为 R，力 F 产生了驱动马达旋转的力矩。

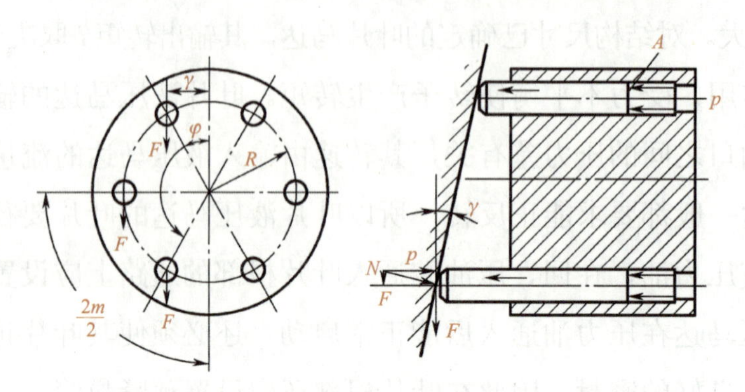

图 3-19 斜轴式轴向柱塞马达的工作原理图

一般而言，轴向柱塞马达都是高速马达，输出扭矩小，因此，必须通过减速器来带动工作机构。如果能使液压马达的排量显著增大，也就可以将轴向柱塞马达做成低速大扭矩马达。

4. 摆动马达

摆动液压马达的工作原理图见图 3-20。

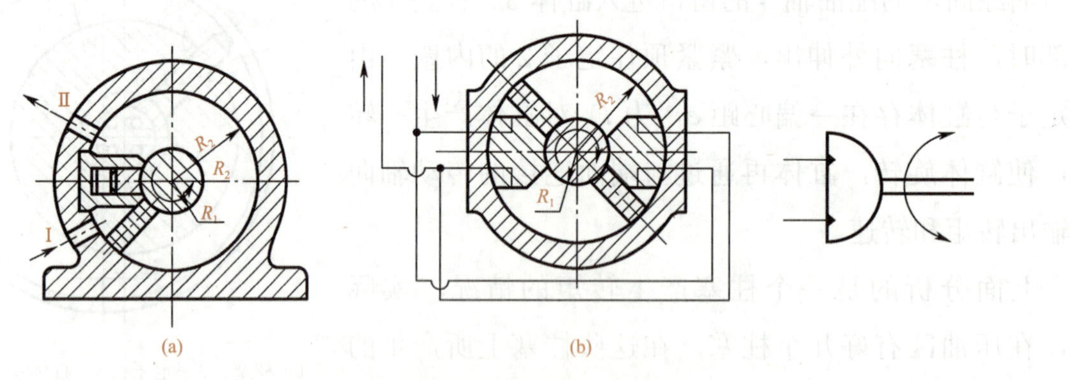

图 3-20 摆动液压马达的工作原理图

（a）单叶片摆动马达；（b）双叶片式摆式马达

图 3-20（a）所示为单叶片摆动马达。当从油口 Ⅰ 通入高压油时，叶片 2 做逆时针摆动，低压力油从油口 Ⅱ 排出。由于叶片与输出轴连在一起，输出轴摆动的同时克服负载输出转矩。单叶片摆动马达的工作压力小于 10 MPa，摆动角度小于 280°。由于径向力不平衡，叶片和壳体、叶片和挡块之间密封困难，其工作压力的进一步提高受到了

限制，从而也限制了输出转矩的进一步提高。

图 3-20（b）所示为双叶片式摆动马达。在径向尺寸和工作压力相同的条件下，其输出转矩是单叶片式摆动马达的两倍，但回转角度相应减少，双叶片式摆动马达的回转角度一般小于 120°。

3.2.3　液压马达的基本参数和性能指标

1. 液压马达的转矩、排量及其关系

液压马达在工作中输出的转矩大小是由负载转矩决定的。但是，推动同样大小的负载，工作容腔大的马达的压力要低于工作容腔小的马达的压力，所以工作容腔的大小是液压马达工作能力的重要标志。

2. 液压马达的转速和低速稳定性

液压马达的转速取决于供液的流量 q_v 和液压马达本身的排量 V。由于液压马达内部有泄漏，并不是所有进入马达的液体都能推动液压马达做功，其中一小部分液体因泄漏损失掉了，所以马达的实际转速要比理想情况低一些。

在工程实际中，液压马达的转速和液压泵的转速一样，其计量单位多用 r/min（转 / 分）表示。

当液压马达工作转速过低时，它往往保持不了均匀的速度，会进入时动时停的不稳定状态，这就是所谓爬行现象。若要求高速液压马达不超过 10 r/min，低速大转矩液压马达不超过 3 r/min 的速度稳定工作，那么并不是所有的液压马达都能满足要求。

一般来说，低速大转矩液压马达的低速稳定性要比高速马达要好。低速大转矩马达的排量大，因而尺寸大，即便是在低转速下工作，摩擦副的滑动速度也不至于过低，加之马达排量大，泄漏的影响相对变小，马达本身的转动惯量大，所以容易得到较好的低速稳定性。

4. 调速范围

当负载在从低速到高速很宽的范围内工作时，要求液压马达能在较大的调速范围下工作，否则就需要有能换挡的变速机构，但这会使传动机构复杂化。液压马达的调速范围以允许的最大转速和最低稳定转速之比表示。

显然，调速范围宽的液压马达应当既有好的高速性能又有好的低速稳定性。

模块 4

方向控制阀和方向控制回路

大国工匠——顾秋亮

液压控制阀是液压系统中控制油液压力、流量及流动方向的元件，其作用是控制和调节压力油流动方向、压力和流量，以满足执行元件的启动、停止、运动方向、运动速度、动作顺序等方面的要求，使整个液压系统能按要求协调地工作。由于调节的工作介质是液体，所以将控制元件统称为液压阀或阀。液压控制阀是液压系统分析、设计和学习中的关键部分之一，学习时可把图形符号、结构原理图和结构图三者对照联系起来，以便更深入地理解其原理和功能。

液压控制阀在结构上，由阀体、阀芯（座阀或滑阀）和驱使阀芯动作的元部件（如弹簧、电磁铁）组成；在工作原理上，阀的开口大小，阀进、出口间压差以及流过阀的流量之间的关系都符合孔口流量公式，只是各种阀控制的参数不同。

（1）液压控制阀可按不同的特征进行分类

1）根据用途和工作特点不同，液压控制阀一般可以分为三大类：方向控制阀（用来控制液压系统中油液流动方向以满足执行元件运动方向的要求，如单向阀、换向阀等）；压力控制阀（用来控制液压系统中的工作压力或通过压力信号来实现控制，如溢流阀、减压阀、顺序阀等）；流量控制阀（用来控制液压系统中油液的流量，以满足执行元件调速的要求，如节流阀、调速阀等）。

2）按连接方式分为管式连接阀、板式连接阀、法兰式连接阀，目前还出现了叠加式连接阀、插装式连接阀；按工作原理可分为通断式、比例式和伺服式阀；按组合程度可分为单一阀和组合阀等。

组合阀就是根据需要将各类阀相互组合装在一个阀体内构成的阀。该阀可以减少管路连接，使结构更为紧凑，同时提高系统效率，如单向节流阀、单向顺序阀、单向行程阀和电磁卸荷阀等。

（2）液压控制阀参数、型号、图形符号

液压阀控制参数主要有规格参数和性能参数，它们在出厂标牌上注明，是选用液压控制阀的基本依据。规格参数表示阀的大小，规定其适用范围，它一般用阀进出油口的名义通径表示，单位为 mm（旧国标中阀的规格主要是额定流量）。性能参数表示阀工作的品质特征，如最大工作压力、开启压力、允许背压、压力调整范围、额定压力损失、最小稳定流量等，该参数除在产品说明书、标牌上指明外，也反映在阀的型号中。

型号是液压阀的名称、种类、规格、性能、辅助特点等内容的综合标志，它用一组规定的字母、数字、符号来表示。型号是行业技术语言的重要部分，也是选用、购销、技术交流过程中常用的依据。详细内容可查阅机械设计手册。

图形符号是用简略图形表示的。利用液压元件的图形符号，能直观地表示元件的工作原理和职能；严格按 GB/T 786.1—2009 规定画出的图形符号，是分析、绘制液压系统的基本单元。国标中每种液压元件都有各自明确的图形符号。一般液压系统均由元件图形符号绘出，个别的可以用结构原理图表示。

（3）对液压控制阀的基本要求

液压控制阀属于控制调节元件，本身有一定的能量消耗。液压控制阀（球芯阀除外）的阀芯与阀体间的密封一般采取间隙密封，这种密封方式不可避免地存在内泄漏。为使阀芯能灵活运动而又减少泄漏，对液压控制阀性能的基本要求是：制造精度高，阀芯动作灵活，工作性能可靠，工作时冲击和振动小，油液流过的压力损失小，密封性能好，结构紧凑，安装、调整、使用、维护方便，通用性好。

在实际选用液压控制阀时，液压元件厂商的样本上会给出此阀在各种流量时的特性曲线，此曲线对于选择元件、了解元件在各种工作参数下的工作状态具有更直接的实用价值。

方向控制阀主要用来控制液压系统中液流的方向。其原理是利用阀芯和阀体间相对位置的改变，实现油路与油路间的接通或断开，以满足执行元件运动方向的要求，包括单向阀和换向阀两类。

4.1 方向控制阀

4.1.1 单向阀

1. 普通单向阀

普通单向阀是指允许压力油单方向流动且反向截止的控制阀元件。液压系统中对普通单向阀的要求主要是：压力油正向通过阀时压力损失小；反向截止时密封性能好；动作灵敏，工作时冲击和噪声小等。

图 4-1 所示为普通单向阀的工作原理结构图。其中图 4-1（a）、图 4-1（b）分别是直通式（管式）普通单向阀和直角式（板式）普通单向阀的工作原理结构图，图 4-1（c）为普通单向阀图形符号及文字标识。

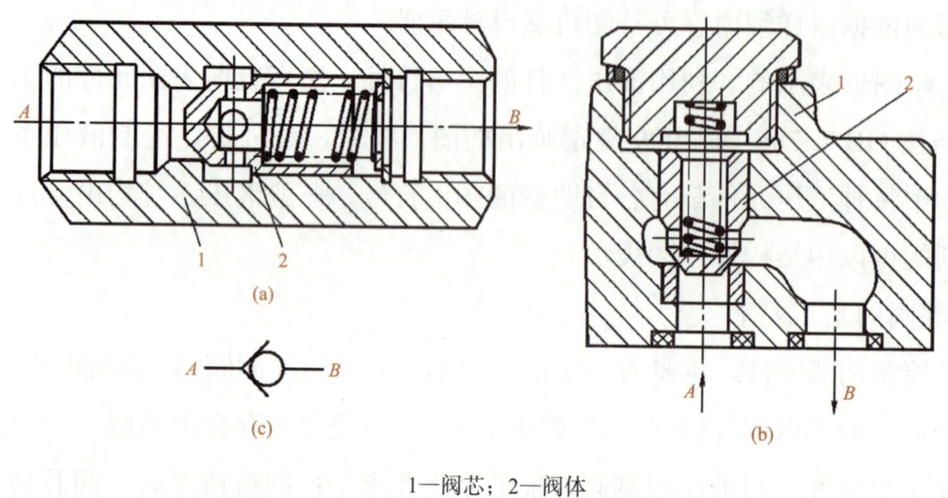

直通式单向调

1—阀芯；2—阀体

图 4-1 普通单向阀的工作原理

（a）直通式（管式）；（b）直角式（板式）；（c）图形符号及文字标识

单向阀中弹簧仅用将阀芯压紧在阀座上，刚度较小，故开启压力很小（0.04 ～ 0.1 MPa）。更换硬弹簧，开启压力可达到 0.2 ～ 0.6 MPa，可作背压阀使用。

单向阀通常设置在液压泵的出油口处，以防止油液倒流，同时可以防止由于系统压力突然升高，油液倒流损坏液压泵。

2. 液控单向阀

液控单向阀又称为单向闭锁阀，其作用是使液流有控制地单向流动，起保压、支撑等功用。图 4-2 所示是液控单向阀的结构，该阀由单向阀和液控装置组成。液控单向阀不通控制油时，具有良好的反向密封性、保持性，因此常用于保压、锁紧和平衡回路。

图 4-2（a）为内泄式液控单向阀，当控制口 X 未通压力油时，其作用与普通单向阀相同；当控制口 X 通压力油时，控制活塞 *a* 把单向阀芯推离阀座，油液正反向均可流动；油液反向流动时（由 B 口进油），进油压力相当于系统工作压力，控制活塞 *a* 的背压（即 A 口压力）也就相当于系统工作压力。但此种情况下，控制油的开启压力必须很大才能顶开阀芯，这将影响其工作可靠性。解决办法通常有两个。

1）B 口进油压力很高时，可采用先导阀预先卸压。如图 4-2（b）所示，单向阀锥形阀芯中装一更小的锥形阀芯（或小钢球），称为先导阀芯，该阀芯承压面积小，无须很大推力便可先行推开，A、B 两腔通过图 4-2（b）中小缺口 *c* 相互连通，使 B 腔逐渐卸压，直到该单向阀反向导通。

2）A 口进油压力高造成控制活塞 *a* 背压大时，可采用外泄口回油降低背压。如图 4-2（b）所示，控制活塞与阀体成二节同芯式配合结构，背压对控制活塞承压面积小，则开启阀芯阻力就不大。外泄口 Y 可将 A 腔和 X 腔的泄漏油通过外部油路排回油箱，故这种结构又称外泄式液控单向阀。

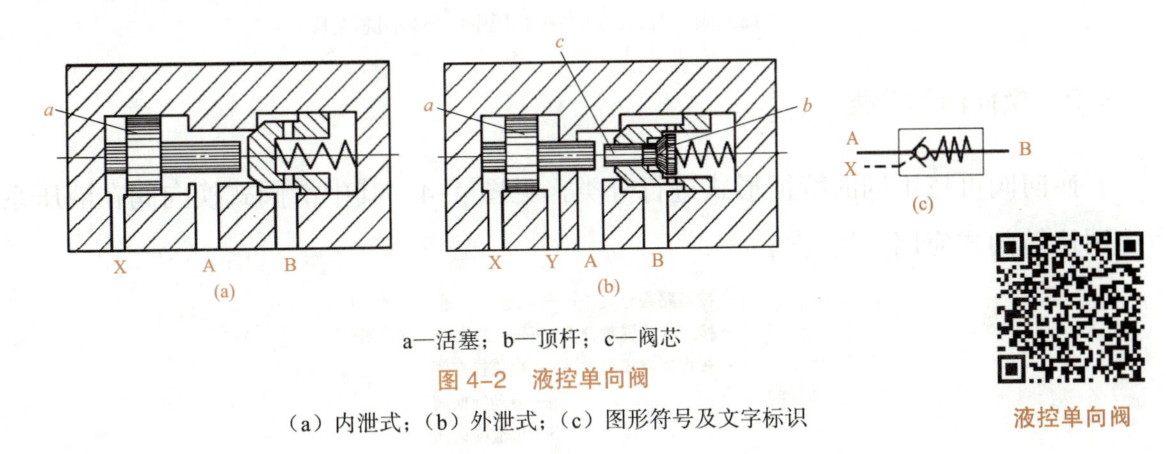

a—活塞；b—顶杆；c—阀芯

图 4-2　液控单向阀

（a）内泄式；（b）外泄式；（c）图形符号及文字标识

4.1.2　换向阀

换向阀是借助于阀芯与阀体之间的相对运动来控制液流方向或实现油路通断的元件。换向阀既可用来使执行元件换向，也可用来切换油路。换向阀按阀芯在阀体孔内的工作位置数和换向阀所控制的油口通路数可分为二位二通、二位三通和三位五通等；按换向阀的控制方式可分为手动、机动、电动、液动和电液动等；按阀芯的结构形式可分为滑阀式、转阀式和锥阀式等类型。

1. 换向阀工作原理

图 4-3 所示是滑阀式三位五通换向阀的工作原理。该液压阀由阀体和阀芯组成。阀体的内孔开有五个沉割槽，对应外接 5 个油口，称为五通阀。阀芯上有三个台肩与阀体内孔配合。在液压系统中，一般情况设 P、T（T_1、T_2）为压力油口和回油口；A、B 为接负载的工作油口（下同）。在图 4-3（b）所示位置（中间位置）中，各油口互不相通，如果使阀芯右移一段距离，如图 4-3（c）图所示，则 P、A 相通，B、T_2 相通，液压缸活塞右移；如果使阀芯左移，如图 4-3（c）图所示，则 P、B 相通，A、T_1 相通，液压缸活塞左移。

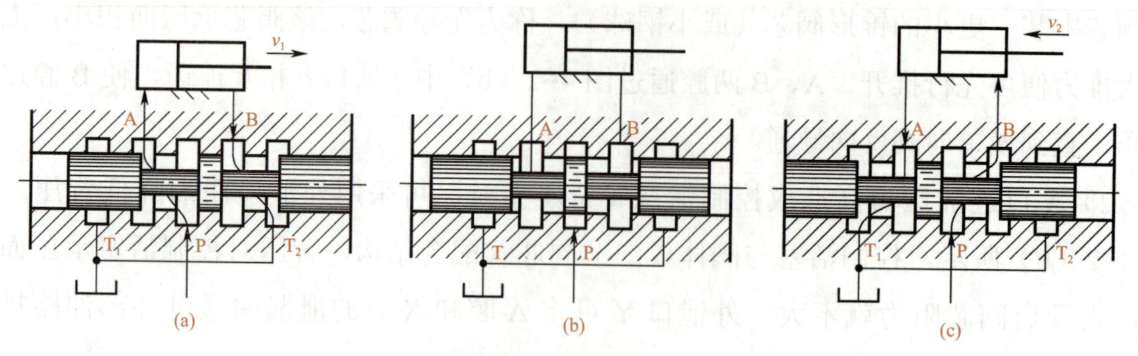

图 4-3 滑阀式三位五通换向阀的工作原理

（a）阀芯右移；（b）阀芯居中；（b）阀芯左移

2. 换向阀的分类

换向阀可按不同的特征形式进行分类，见图 4-4。其中滑阀式换向阀在液压系统中应用比转阀式应用广泛。

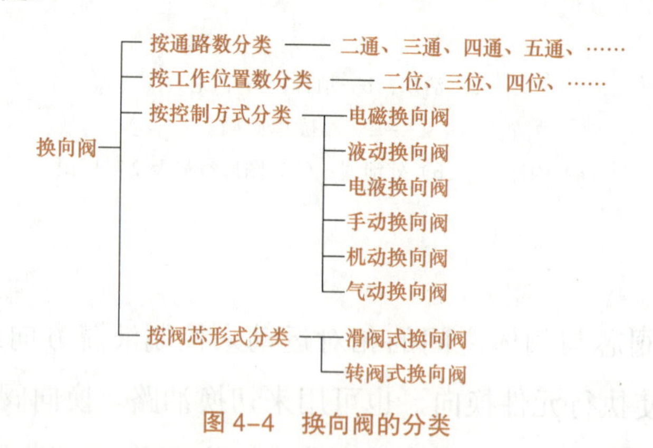

图 4-4 换向阀的分类

3. 几种常见的换向阀结构原理及图形符号

按阀芯在阀体内的工作位置数和换向阀所控制的油口通路数分，换向阀有二位二通、二位三通、二位四通、三位四通、三位五通等类型，见表 4-1。

表 4-1 常见滑阀式换向阀主体结构形式

名称	结构原理图	职能符号	使用场合
二位二通	A P	A B	控制油路的接通与切断（相当于一个开关）

续表

<table>
<tr><th>名称</th><th>结构原理图</th><th>职能符号</th><th colspan="3">使用场合</th></tr>
<tr><td>二位三通</td><td>A P B</td><td>A B
P</td><td colspan="3">控制液流方向（从一个方向变换成另一个方向）</td></tr>
<tr><td>二位四通</td><td>A P B T</td><td>A B
P T</td><td rowspan="3">控制执行元件换向</td><td>不能使执行元件在任一位置上停止运动</td><td rowspan="2">执行元件正反向运动时回油方式相同</td></tr>
<tr><td>三位四通</td><td>A P B T</td><td>A B
P T</td><td>能使执行元件在任一位置上停止运动</td></tr>
<tr><td>三位五通</td><td>T_1 A P B T_2</td><td>AB
T_1PT_2</td><td>能使执行元件在任一位置上停止运动</td><td>执行元件正反向运动时可以得到不同的回油方式</td></tr>
</table>

1）位置数：位置数（位）是指阀芯在阀体孔中的位置。有几个位置就称之为几位，职能符号图图形中“位”用粗实线方格（或长方格）表示，有几位即画几个方格来表示。三位换向阀的中格和二位换向阀靠近弹簧的一格为常态位置（静止位置或零位置），即阀芯未受到外部控制力作用时所处的位置。

2）通路数：通路数（通）是指换向阀控制的外接工作油口的数目。一个阀体上有几个进、出油口就是几通。在图形符号中，用“┬”和“┴”表示油路被阀芯封闭，用“↑”或“↓”表示油路连通，方格内的箭头表示两油口相通，但不表示液流方向。一个方格内油路与方格的交点数即为通路数，几个交点就是几通。

3）控制方式：常见的滑阀操纵方式有手动式、机动式、电动式、液动式和电液动等类型。

4）油口标示：换向阀中 P 表示进油口，T、O 表示出油口，L 表示泄油口，A、B

表示与执行元件连接的油口。

4. 换向阀中位机能

当三位换向阀的阀芯处于中间位置时，其各油口间有多种不同的连通方式，这种连通方式称为中位滑阀机能。表 4–2 列出了几种常用中位机能的形式、符号及其特点。

表 4–2 三位四通换向阀常见的中位机能的形式、符号及其特点

中位形式	结构原理图	符号	中位特点
O	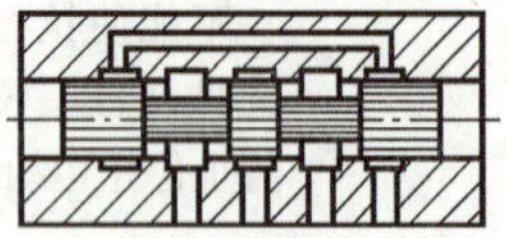	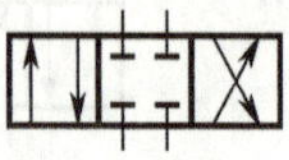	液压阀从其他位置转换至中位时，执行元件立即停止，换向位置精度高，但液压冲击大；执行元件停止工作后，油液被封闭在阀后的管路、元件中，重新启动时较平稳；在中位时液压泵不能卸荷
H	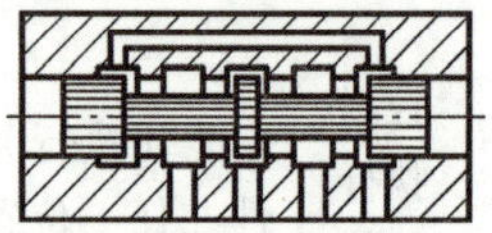	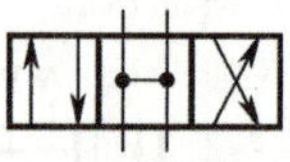	换向平稳，液压缸冲出量大，换向位置精度低；执行元件浮动；重新启动时有冲击；在中位时液压泵卸荷
Y	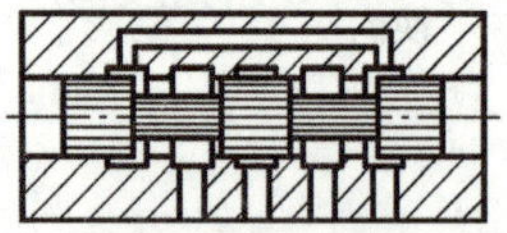	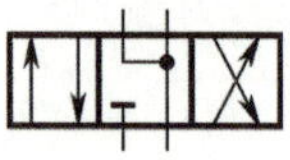	P 口封闭，A、B、T 导通。换向平稳，液压缸冲出量大，换向位置精度低；执行元件浮动；重新启动时有冲击；在中位时液压泵不卸荷
P	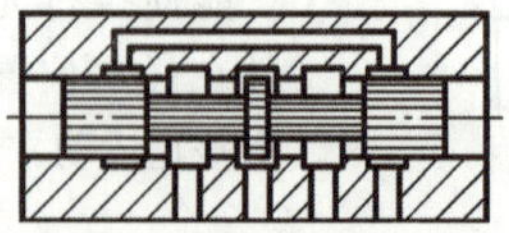	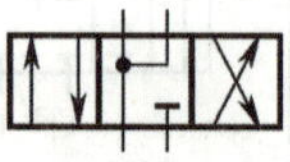	T 口封闭，P、A、B 导通。换向平稳，液压缸冲出量大，换向位置精度低；执行元件浮动（差动液压缸不能浮动）；重新启动时有冲击；在中位时液压泵不卸荷
M	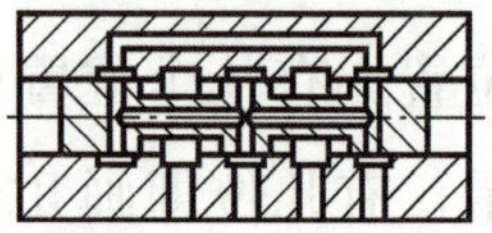	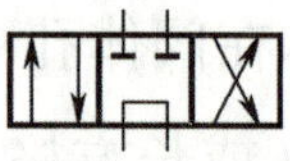	液压阀从其他位置转换到中位时，执行元件立即停止，换向位置精度高，但液压冲击大；执行元件停止工作后，执行元件及管路充满油液，重新启动时较平稳；在中位时液压泵卸荷

5. 几种常用的换向阀

（1）机动式换向阀

机动式换向阀通常为弹簧复位式二位四通阀，如图 4–5 所示。它必须安装在液压缸附近，液压缸驱动工作部件的行程中，装置工作部件一侧的挡块或凸轮移动到设定位置就压下阀芯，使阀换位。

机动式换向阀结构简单、动作可靠、换向位置精度高，设定挡块的迎角 α 或凸轮外形，可获得合适的换位速度并减小换位冲击。

（2）电磁换向阀

电磁换向阀利用电磁铁电磁吸力操纵阀芯换位。图 4-6 为三位四通电磁换向阀的结构原理和图形符号。阀的两端各有一个电磁铁和一个对中弹簧，阀芯常态时处于中位。当右端电磁铁通电，阀右位工作；反之，左端电磁铁通电，阀左位工作。

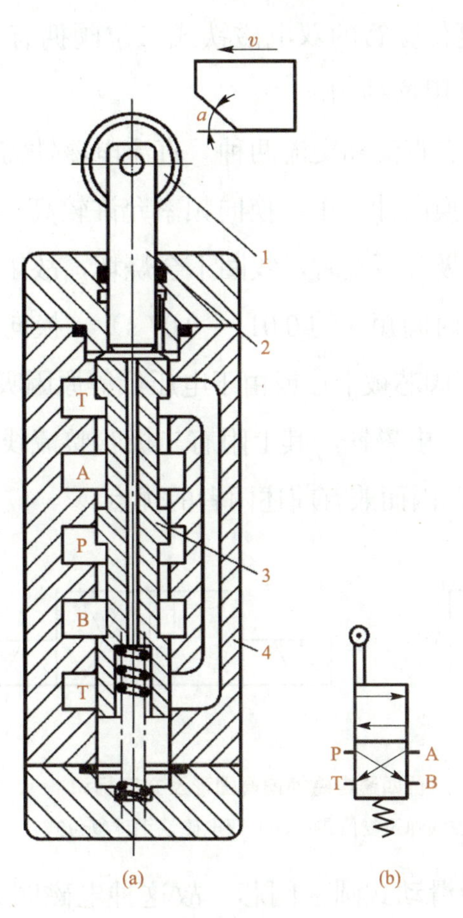

1—滚轮；2—顶杆；3—阀芯；4—阀体

图 4-5　机动换向阀

（a）结构原理图；（b）图形符号及文字标识

机动换向阀

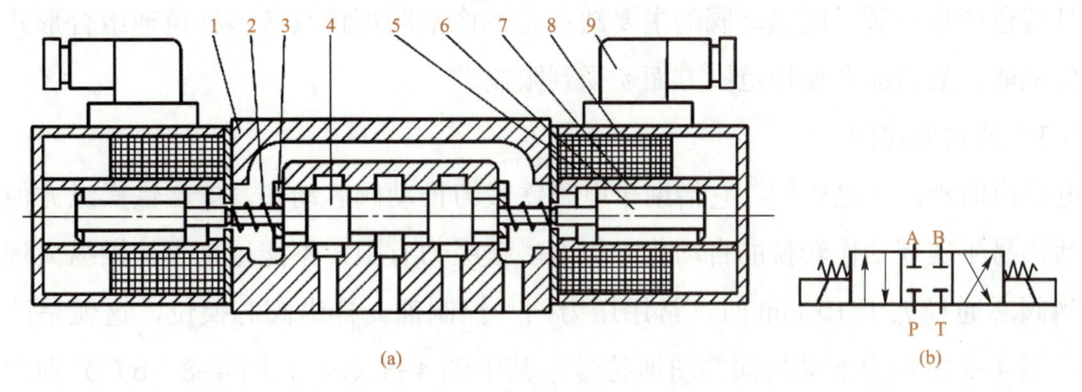

1—阀体；2—弹簧；3—弹簧座；4—阀芯；5—线圈；6—衔铁；7—隔套；8—壳体；9—插头组件

图 4-6　电磁换向阀

（a）结构原理图；（b）图形符号及文字标识

图 4-7 为二位四通电磁换向阀的图形符号，其中图 4-7（a）为单电磁铁弹簧复位式，图 4-7（b）为双电磁铁钢球复位式。二位电磁换向阀多为单电磁铁控制，但无复位弹簧的双电磁铁二位阀断电后仍能保持原来的状态，这可减少电磁铁通电时间，从而延长电磁铁寿命且节约能源；若电源因故中断，这种电磁阀的“记忆”功能还可以避免系统失灵而出现故障。由于无复位弹簧的双电磁铁式二位阀拥有上述特点，一些连续作业的自动化机械和生产线也常采用这种阀。

电磁铁按所接电源通常有直流和交流两种。直流电磁铁需直流电源或整流装置，但换向时间长（0.1 ～ 0.15 s），换向冲击小，换向频率允许较高（最高可达 240 次 /min），而且有恒电流特性，当电磁铁吸合不上时，线圈不会烧坏，故工作可靠性高；交流电磁铁使用方便，启动力大，但换向时间短（约 0.01 ～ 0.07 s），换向冲击大，噪声大，换向频率低（约 30 次 /min），而且当阀芯被卡住或由于电压低等原因吸合不上时，线圈易烧坏。还有一种本整型（本机整流型）电磁铁，其上附有二极管整流线路和冲击电压吸收装置，能把接入的交流电整流后自用，因而兼有前述两者的优点。

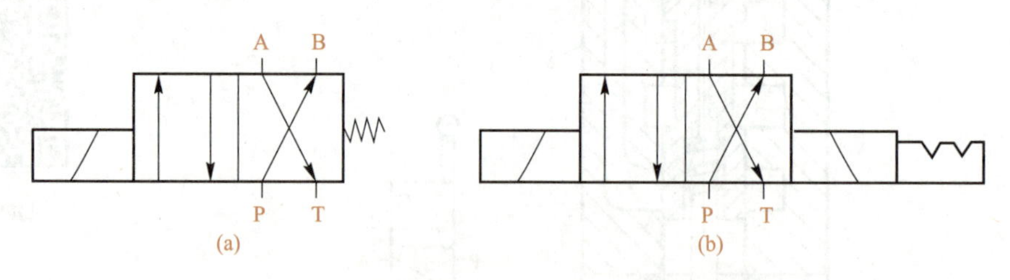

图 4-7　二位四通电磁换向阀图形及文字标识

（a）单电磁铁弹簧复位式；（b）双电磁铁钢球复位式

二位四通电磁换向阀拆装

上述电磁阀的阀芯皆为滑动式圆柱阀芯，故这种电磁阀又称电磁滑阀。近年来出现了一种电磁球阀，它以电磁力为动力，推动钢球来实现油路的通断和切换。与电磁滑阀相比较，电磁球阀具有密封性好、反应速度快、使用压力高和适应能力强等优点，是一种颇具特色的换向阀。电磁球阀的主要缺点是不像滑阀那样具备多种位通组合形式和多种中位机能，故目前在使用范围方面还受到限制。

（3）液动换向阀

电磁换向阀简称电磁阀，它借助于电磁铁吸力推动阀芯动作。电磁铁操纵方便，布置灵活，易于实现动作转换的自动化。但电磁铁吸力有限，不能用来直接操纵大规格的阀。当阀芯通径大于 10 mm 时，常用压力油（控制油）操纵阀芯换位，这就是液动换向阀。图 4-8 所示为液动换向阀图形符号，其中图 4-8（a）、图 4-8（b）分别为二位三通和三位四通液动换向阀的图形符号。

液动换向阀的阀芯换位需要利用另一个小换向阀来改变控制油的流向，故经常与其他控制方式的换向阀结合使用。对液动阀控制油实行换向的可以是手动阀、机动阀或电磁阀。

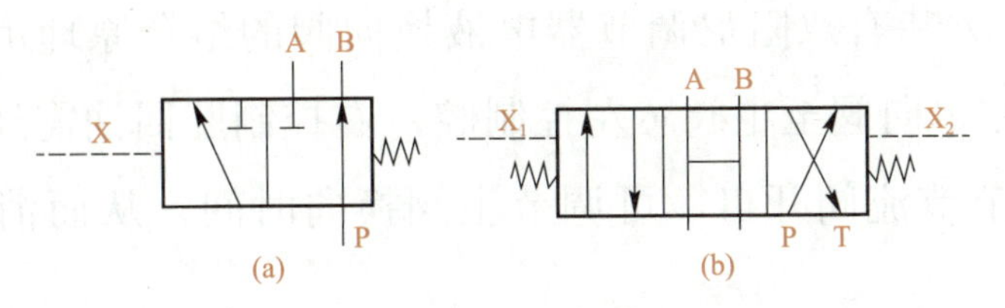

液压换向阀

图 4-8　液动换向阀图形符号

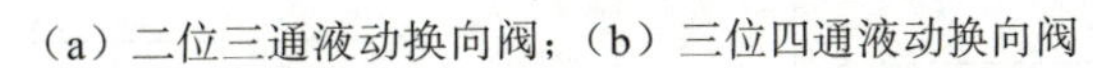
（a）二位三通液动换向阀；（b）三位四通液动换向阀

（4）电液换向阀

电液换向阀是由电磁换向阀和液动换向阀组成的复合阀。电磁换向阀为先导阀，它用以改变控制油路的方向；液动换向阀为主阀，它用以改变主油路的方向。电液换向阀的优点是可用反应灵敏的小规格电磁阀方便地控制大流量的液动阀换向。若在液动换向阀的两端盖处加调节螺钉，则可调节液动换向阀阀芯移动的行程和各主阀口的开度，从而改变通过主阀的流量，对执行元件起粗略的速度调节作用。

图 4-9 为两端带主阀芯行程调节机构的三位四通电液换向阀的结构示意图。其工作原理可通过图 4-10（a）所示的组合图形符号加以说明，图 4-10（b）所示为简化符号。常态时，先导阀和主阀处于中位，控制油路和主油路均不进油。当左电磁铁通电时，先导阀处于左位工作，控制油自 X 口经先导阀到主阀芯左端油腔，操纵主阀芯换向，使主阀也切换到左位工作。主阀芯右端油腔回油经先导阀及泄油口 Y 流往油箱，此时主油路油口 P 与 A、B，P 与 T 分别相通。当先导阀左电磁铁断电、右电磁铁通电时，主油路油口换接，P 与 B、A，P 与 T 分别相通。

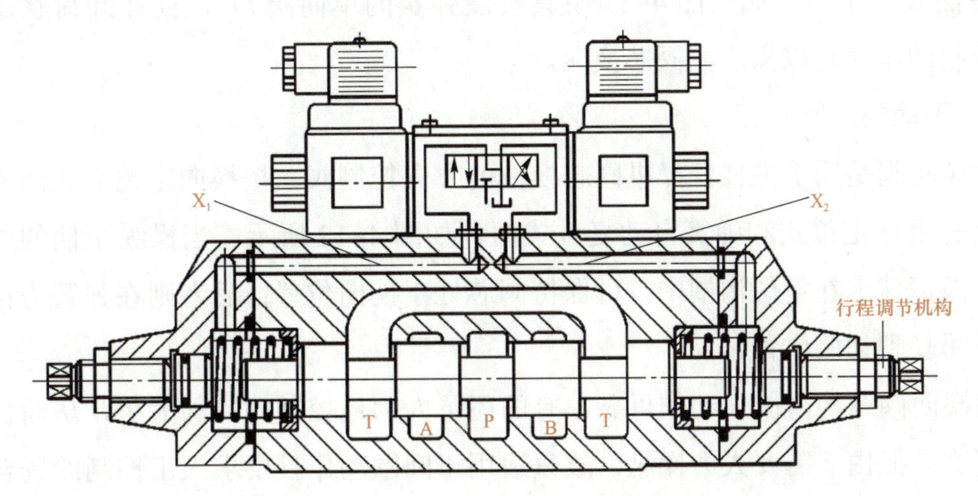

图 4-9　三位四通电液换向阀的结构示意

这里介绍电液换向阀的一些控制机构：阻尼调节器、主阀芯行程调节机构、预压阀。

阻尼调节器，又称时间调节器，它是一种叠加式单向节流阀，可叠放在先导阀和主阀之间。图 4-11 为装有双阻尼调节器电液换向阀的组合原理示意图。当左电磁铁通电时，控制油经左单向阀至主阀芯左控制腔，右控制腔回油需经右节流阀才能通过先导阀回油箱。调节节流阀开口，可调节主阀换向时间，从而消除执行元件的换向冲击。

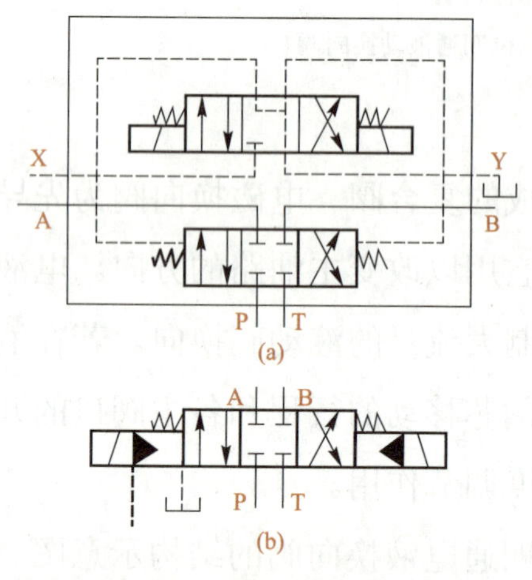

图 4-10 三位四通电液换向阀的图形符号

（a）组合符号；（b）简化符号

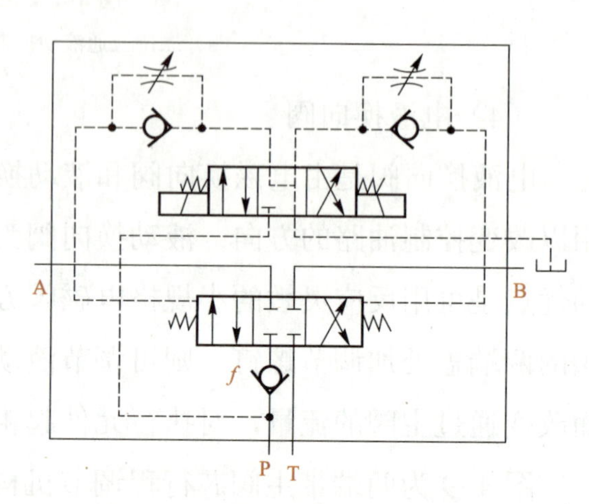

图 4-11 双阻尼调节器和预压阀作用

主阀芯行程调节机构。调节图 4-9 中的行程调节机构的螺钉，则主阀芯换位移动的行程和各阀口开度即可改变，通过主阀的流量也随之改变。

预压阀，指以内供方式供油的电液换向阀。若在常态位使泵卸荷（如具有 M、H、K 等中位机能），为克服阀在通电后因控制油压而使主阀不能动作的缺陷，常在主阀的进油口中插装一个预压阀（图 4-11 中具有硬弹簧的单向阀 f），使在卸荷状态下仍有一定的控制油压，足以操纵主阀芯换向。

（5）手动换向阀

手动换向阀是用手推杠杆操纵阀芯换位的方向控制阀。按换向定位方式的不同，手动换向阀有钢球定位式和弹簧自动复位式两种如图 4-12 所示。当操纵手柄的外力取消后，前者因钢球卡在定位沟槽中，可保持阀芯处于换向位置；后者则在弹簧力作用下使阀芯自动回复到初始位置。

手动换向阀结构简单，动作可靠，有的还可人为地控制阀口的大小，从而控制执行元件的速度。但由于需要人力操纵，故只适用于间歇动作且要求人工控制的场合。使用中需注意的是：定位装置或弹簧腔的泄漏油需单独用油管接入油箱，否则漏油积聚会产生阻力，以致不能换向，甚至会造成事故。

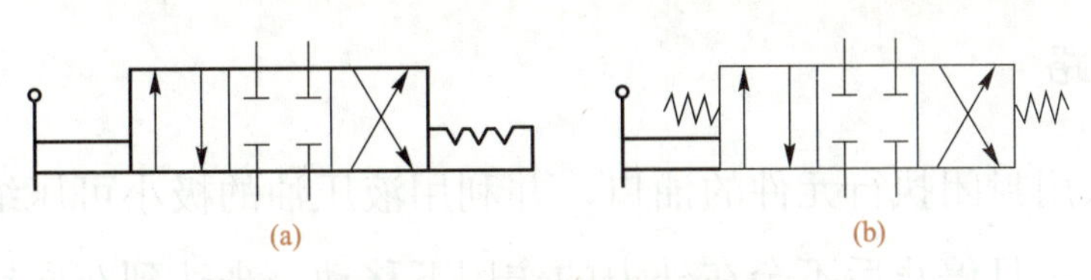

图 4-12　手动换向阀图形符号

（a）钢球定位式；（b）弹簧复位式

4.2 方向控制回路

4.2.1　换向回路

换向回路的作用是变换执行元件的运动方向。系统对换向回路的基本要求是：换向可靠、灵敏、平稳、换向精度合适。

换向回路是利用二位四通、二位五通、三位四通或三位五通等换向阀来改变液压系统中压力油的流动方向，达到改变执行元件运动方向目的的回路。各种操纵方式的换向阀都可以组成换向回路，只是所组成回路的性能和使用场合不同。

图 4-13 所示为采用限位开关控制电磁换向阀动作的换向回路，该换向回路操作方便，易于实现自动化，但换向时间短，故换向冲击较大，适用于小流量、平稳性要求不高的场合。

图 4-14 所示为双向变量泵换向回路，利用双向变量泵直接改变输油方向来实现执行元件的换向。该换向回路较普通换向阀换向平稳，适用于压力较高、流量较大的场合。

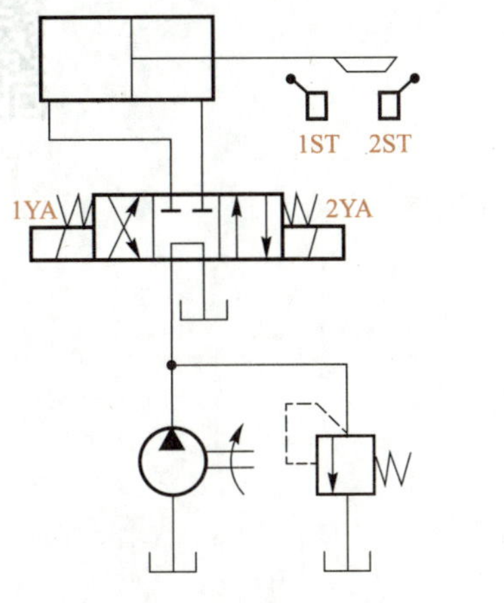

图 4-13　采用限位开关控制电磁换向阀动作的换向回路

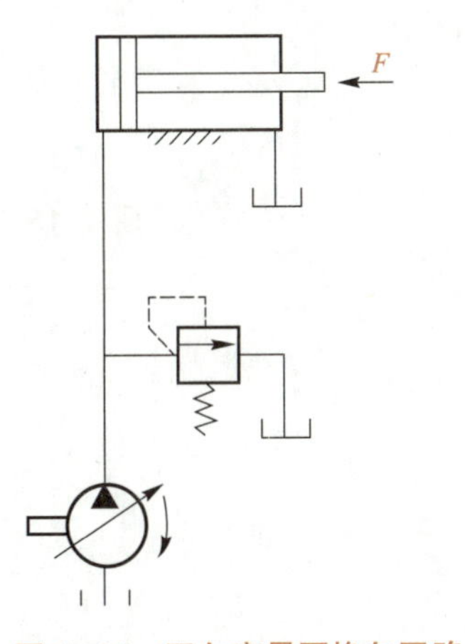

图 4-14　双向变量泵换向回路

换向回路 1

换向回路 2

4.2.2 锁紧回路

锁紧回路是采用封闭执行元件的油口，并利用液压油的极小可压缩性使执行元件停止在任意的位置上，且停止后不会在外力的作用下移动，来达到双向锁紧执行元件目的的回路。

采用三位换向阀的中位机能也能封闭执行元件的油口，实现双向锁紧，如 O 型或 M 型中位机能，但由于滑阀的泄漏量较大，故锁紧性能差。

图 4–15 所示为液控单向阀构成的锁紧回路。在液压缸的两油路上串接液控单向阀，它能在液压缸不工作时，使活塞在两个方向的任意位置上迅速、平稳、可靠且长时间地锁紧。其锁紧精度主要取决于液压缸的泄漏，而液控单向阀本身的密封性很好。两个液控单向阀做成一体时，称为双向液压锁。

采用液控单向阀锁紧的回路，必须注意换向阀中位机能的选择。如图 4–15 所示，采用 H 型机能，换向阀中位时能使两控制油口 K 直接通油箱，液控单向阀立即关闭，活塞停止运动。如采用 O 型或 M 型中位机能，活塞运动途中换向阀中位时，由于液控单向阀控制腔的压力油被封住，液控单向阀不能立即关闭，直到控制腔的压力油卸压后，才能关闭，因而影响其锁紧的位置精度。这种回路广泛应用于工程机械、起重运输机械等有较高锁紧要求的场合。

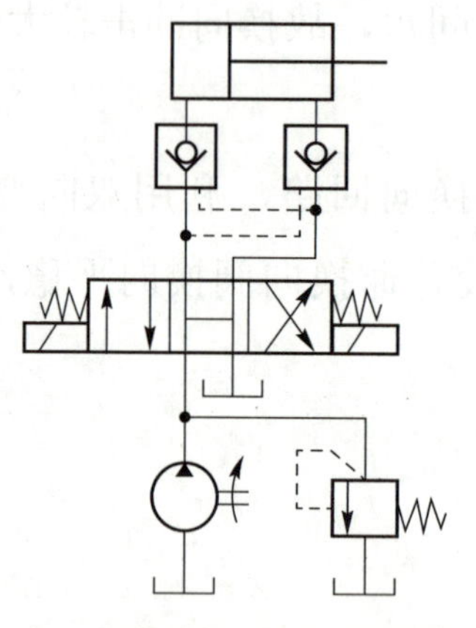

图 4–15　液控单向阀构成的锁紧回路

锁紧回路 1

锁紧回路 2

大国工匠——胡双钱

模块 5

液压压力控制阀和压力控制回路

5.1 压力控制阀

控制油液压力高低或利用压力变化实现某种动作的阀通称为压力控制阀。常见的压力控制阀按功用分为溢流阀、减压阀、顺序阀、压力继电器等。

5.1.1 溢流阀

（一）结构原理

溢流阀有多种用途，主要是在溢去系统多余油液的同时使泵的供油压力得到调整并保持基本恒定。溢流阀按其结构原理分为直动式和先导式两种。

1. 直动式溢流阀

图 5-1 所示为锥阀式（还有球阀式和滑阀式）直动式溢流阀。当进油口 P 从系统接入的油液压力不高时，锥阀芯 2 被弹簧 3 紧压在阀体 1 的孔口上，阀口关闭。当进油口油压升高到能克服弹簧阻力时，便推开锥阀芯使阀口打开，油液就由进油口 P 流入，再从回油口 T 流回油箱（溢流），进油压力也就不会继续升高。当通过溢流阀的流量变化时，阀口开度即弹簧压缩量也随之改变。但在弹簧压缩量变化甚小的情况下，可以认为阀芯在液压力和弹簧力作用下保持平衡，溢流阀进口处的压力基本保持为定值。拧动调压螺钉 4 改变弹簧预压缩量，便可调整溢流阀的溢流压力。这种溢流阀因压力油直接作用于阀芯，故称直动式溢流阀。直动式溢流阀一

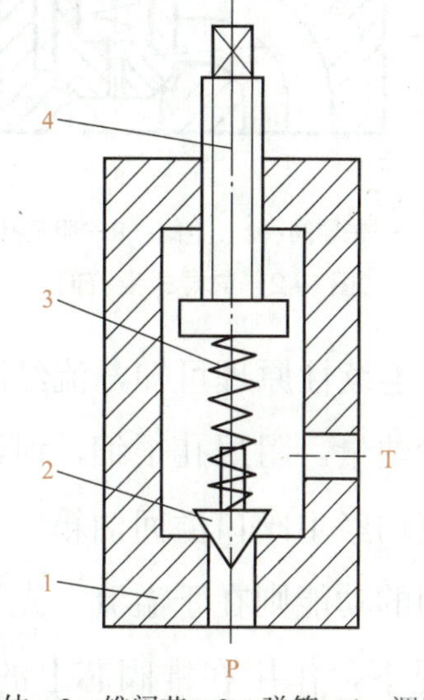

1—阀体；2—锥阀芯；3—弹簧；4—调压螺钉

图 5-1　锥阀式直动式溢流阀

直动式溢流阀

般只能用于低压小流量处，因控制较高压或较大流量时，需要装刚度较大的硬弹簧，不但手动调节困难，而且阀口开度（弹簧压缩量）略有变化便会引起较大的压力波动，不能稳定。系统压力较高时就需要采用先导式溢流阀。

2. 先导式溢流阀

图 5-2 所示为一种板式连接的先导式溢流阀。由图可见，先导式溢流阀由先导阀和主阀两部分组成。先导阀就是个小规格的直动式溢流阀，而主阀阀芯是一个具有锥形端部、上面开有阻尼小孔的圆柱筒。油液从进油口 P 进入，经阻尼孔到达主阀弹簧腔，并作用在先导阀锥阀芯上（一般情况下，外控口 X 是堵塞的）。当进油压力不高时，液压力不能克服先导阀的弹簧阻力，先导阀口关闭，阀内无油液流动。这时，主阀芯因前后腔油压相同，故被主阀弹贷压在阀座上，主阀口也关闭。当进油压力升高到先导阀弹簧的预调压力时，先导阀口打开，主阀弹簧腔的油液流过先导阀口并经阀体上的通道和回油口 T 流回油箱。这时，油液流过阻尼小孔 R、产生压力损失，使主阀芯两端形成了压差。主阀芯在此压差作用下克服弹簧阻力向上移动，使进、回油口连通，达到溢流稳压的目的。调节先导阀的调压螺钉，便能调整溢流压力；更换不同刚度的调压弹簧，便能得到不同的调压范围。

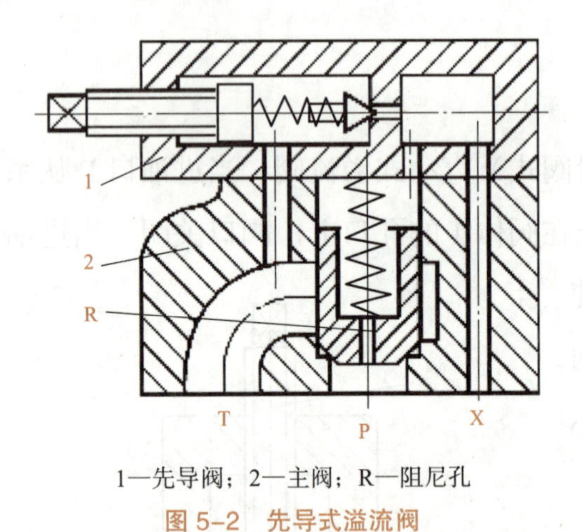

1—先导阀；2—主阀；R—阻尼孔

图 5-2 先导式溢流阀

先导式溢流阀 1

先导式溢流阀 2

根据液流连续性原理可知，流经阻尼孔的流量即为流出先导阀的流量。这一部分流量通常称为泄油量。阻尼孔很细，泄油量只占全溢流量（额定流量）的极小的一部分，绝大部分油液均经主阀口溢回油箱。在先导式溢流阀中，先导阀的作用是控制和调节溢流压力，主阀的功能则在于溢流。先导阀因为只通过泄油，其阀口直径较小，即使在较高压力的情况下，作用在锥阀芯上的液压推力也不很大，因此调压弹簧的刚度不必很大，压力调整也就比较轻便。主阀芯因两端均受油压作用，主阀弹簧只需很小的刚度，当溢流量变化引起弹簧压缩量时，进油口的压力变化不大，故先导式溢流阀的稳压性能优于直动式溢流阀。但先导式溢流阀是二级阀，其灵敏度低于直动式溢流阀。溢流阀的图形符号如图 5-3 所示。其中图 5-3（a）为溢流阀的一般符号或直动式溢流阀的符号；图 5-3（b）为先导式溢流阀的符号。

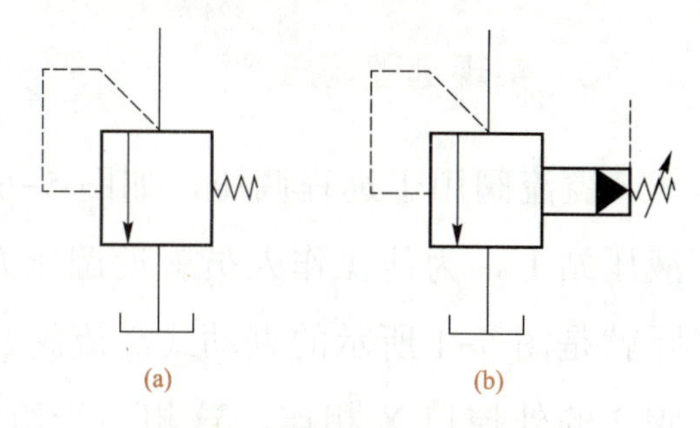

图 5-3　溢流阀的图形符号

（a）一般符号或直动式符号；（b）先导式符号

（二）溢流阀应用举例

1. 为定量泵系统溢流稳压

溢流阀用于溢流稳压，如图 5-4 所示。定量泵液压系统中，溢流阀通常接在泵的出口处，与去系统的油路并联，泵的供油部分按速度要求由流量阀 2 调节流往系统的执行元件，多余油液通过被推开的溢流阀 1 流回油箱，因而在溢流的同时稳定了泵的供油压力。

2. 为变量泵系统提供过载保护

溢流阀用于防止变量系统过载，如图 5-5 所示。执行元件速度由变量泵自身调节，不需溢流；泵压可随负载变化，也不需稳压。但变量泵出口也常接一溢流阀。其调定压力约为系统最大工作压力的 1.1 倍。系统一旦过载，溢流阀立即打开，从而保障了系统的安全。故此系统中的溢流阀又称为安全阀。

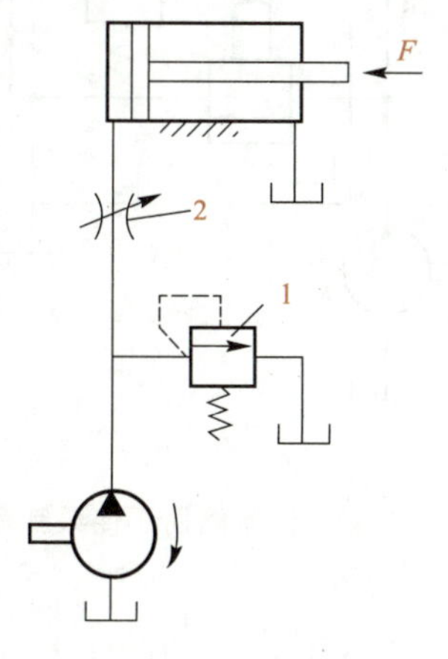

1—溢流阀；2—流量阀

图 5-4　溢流阀用于溢流稳压

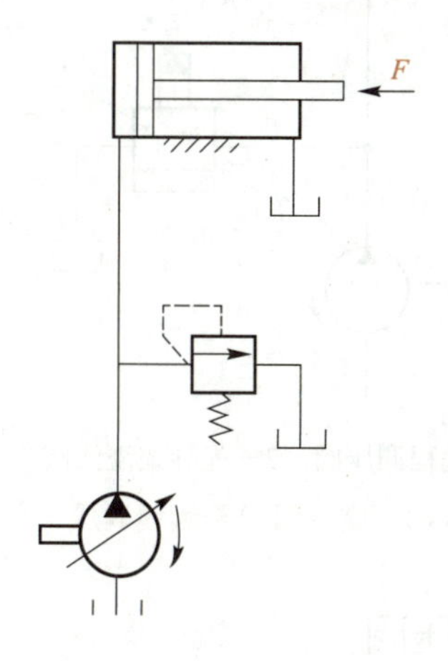

图 5-5　溢流阀用于防止变量系统过载

3. 实现远程调压

溢流阀用于远程调压，如图 5-6 所示机械设备液压系统中的泵、阀通常都组装在液压站上，为使操作人员就近调压方便，可在控制工作台上安装一远程调压阀 1（实际就是图 5-1 所示的直动式溢流阀），并将其进油口与安装在液压站上的先导式溢流阀 2 的外控口 X 相连。这相当于给阀 2 除自身先导阀外，又加接了一个先导阀。调节阀 1 便可对阀 2 实现远程调压。显然，远程调压阀 1 所能调节的最高压力不得超过溢流阀自身先导阀的调定压力。另外，为了获得较好的远程控制效果，还需注意两阀之间的油管不宜太长（最好在 3 m 之内），要尽量减小管内的压力损失，并防止管道振动。

4. 使泵卸荷

溢流阀用于使泵卸荷，如图 5-7 所示。当二位二通阀的电磁铁通电后，溢流阀的外控口即接油箱，此时，主阀芯后腔压力接近于零，主阀芯便移动到最大开口位置。由于主阀弹簧很软，进口压力很低，泵输出的油便在此低压下经溢流阀流回油箱，这时，泵接近于空载运转，功耗很小，即处于卸荷状态。这种卸荷方法所用的二位通阀可以是通径很小的阀。由于在实用中经常采用这种卸荷方法，为此常将溢流阀和串接在该阀外控口的电磁换向阀组合成一个元件，称为电磁溢流阀，如图 5-7 中细实线框图所示。

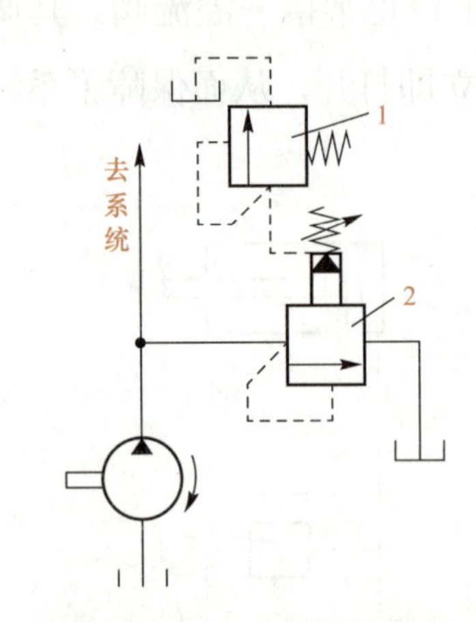

1—远程调压阀；2—先导式溢流阀

图 5-6 溢流阀用于远程调压

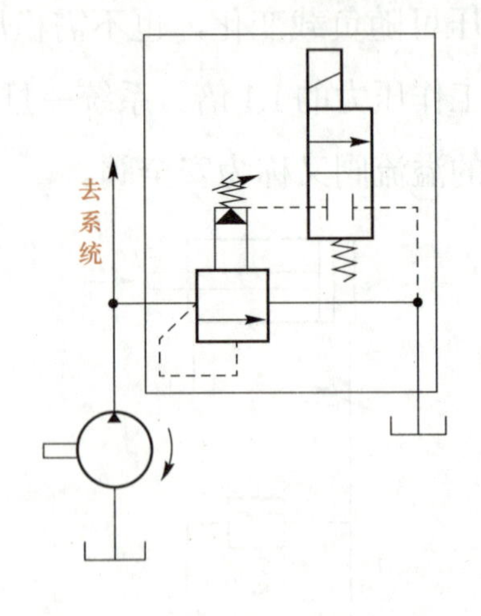

图 5-7 溢流阀用于使泵卸荷

5.1.2 减压阀

减压阀主要用于降低系统某一支路的油液压力，使同一系统能有两个或多个不同压力的回路。例如当系统中的夹紧支路或润滑支路需要稳定的低压时，只需在该支路上串联一个减压阀即可。

按工作原理，减压阀也有直动式和先导式之分。直动式减压阀在系统中较少单独使用。先导式减压阀则应用较多。图 5–8 所示为一种先导式减压阀，它能使出口压力降低并保持恒定，故称定值输出减压阀，通常简称减压阀。

图 5–8（a）中，压力为 p_1 的压力油由阀的进油口 A 流入，经减压口 f 减压后，压力降低为 p_2，再由出油口 B 流出。同时，出口压力油经主阀芯内的径向孔和轴向孔引入到主阀芯的左腔和右腔，并以出口压力作用在先导阀锥上。当出口压力未达到先导阀的调定值时，先导阀关闭，主阀芯左、右两腔压力相等，主阀芯被弹簧压在最左端，减压口 f 开度 x 为最大值，压降最小，阀处于非工作状态。当出口压力升高并超过先导阀的调定值时，先导阀被打开，主阀弹簧腔的泄油便由泄油口 Y 流往油箱。由于主阀芯的轴向孔 e 是细小的阻尼孔，油在孔内流动，使主阀芯两端产生压差，主阀芯便在此压差作用下克服弹簧阻力右移，减压口开度 x 值减小，压差增大，引起出口压力降低，直到等于先导阀调定的数值为止。

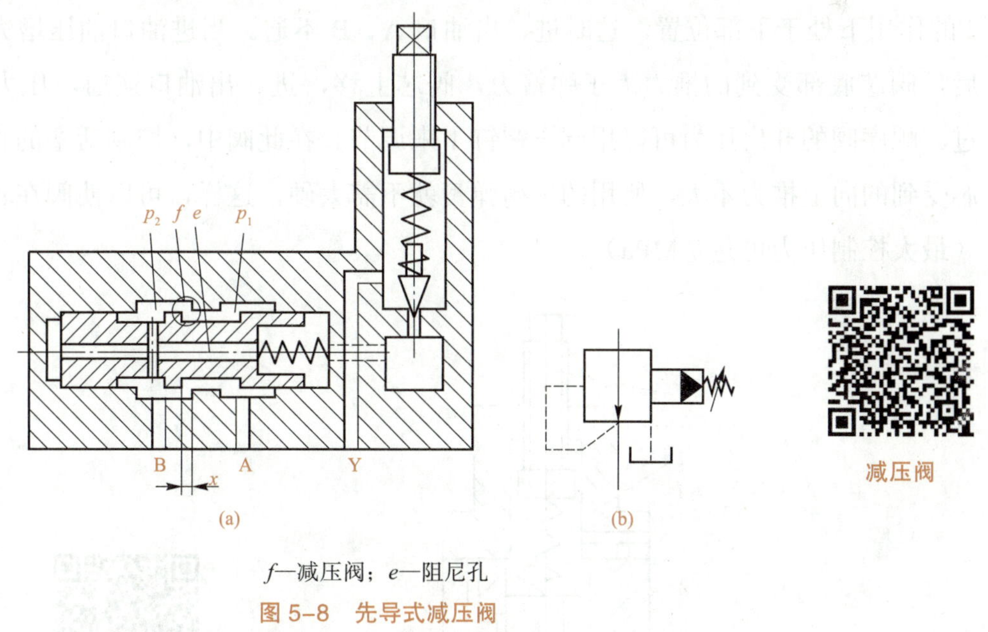

f—减压阀；e—阻尼孔

图 5–8　先导式减压阀

（a）结构原理；（b）先导式减压阀符号

反之，如出口压力减小，主阀芯左移，减压口开大，压差减小，使出口压力回升到调定值上。可见，减压阀出口压力若由于外界干扰而变动时，它将会自动调整减压口开度来保持调定的出口压力数值基本不变。

在减压阀出口油路的油液不再流动的情况下（如所连的夹紧支路液压缸运动到底后），由于先导阀泄油仍未停止，减压口仍有油液流动，阀就仍然处于工作状态，出口压力也就保持调定数值不变。

可以看出，与溢流阀、顺序阀相比较，减压阀的主要特点是：阀口常开；从出口引压力油去控制阀口开度，使出口压力恒定；泄油单独接入油箱。这些特点在图 5-8（b）所示的元件符号上都有所反映。

5.1.3 顺序阀

顺序阀的功用是利用液压系统中的压力变化来控制油路的通断，从而实现多个液压元件按规定的顺序动作。顺序阀按结构分为直动式和先导式；按控制油来源又有内控式和外控式之分。压阀所能调节的最高压力不得超过溢流阀自身先导阀的调定压力。另外，为了获得较好的远程控制效果，还需注意两阀之间的油管不宜太长（最好在 3 m 之内），要尽量减小管内的压力损失，并防止管道振动。

（一）结构原理

图 5-9 所示为一种直动式顺序阀。压力油由进油口 A 经阀体 4 和下盖 7 的小孔流到控制活塞 6 的下方，使阀芯 5 受到一个向上的推力作用。当进油口油压较低时，阀芯在弹簧 2 的作用下处于下部位置，这时进、出油口 A、B 不通。当进油口油压增大到预调的数值以后，阀芯底部受到的推力大于弹簧力，阀芯上移，进、出油口连通，压力油就从顺序阀流过。顺序阀的开启压力可以用调压螺钉 1 来调节。在此阀中，控制活塞的直径很小，因而阀芯受到的向上推力不大，所用的平衡弹簧就不需太硬，这样，可以使阀在较高的压力下工作（最大控制压力可达 7 MPa）。

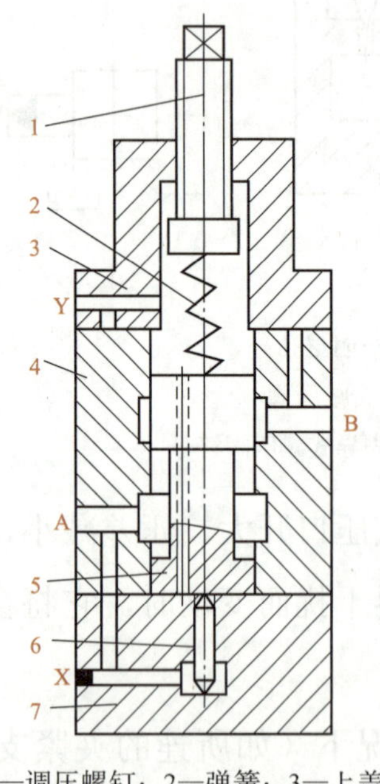

1—调压螺钉；2—弹簧；3—上盖
4—阀体；4—阀芯；6—控制活塞；7—下盖

图 5-9 直动式顺序阀

顺序阀 1

顺序阀 2

先导式顺序阀的结构原理与先导式溢流阀类似，区别在于：溢流阀出口通油箱，压力为零，其先导阀口的泄油可在内部连通回油口；顺序阀出口通向有压力的油路，故必须专设一泄油口，使先导阀的泄油流回油箱，否则将无法正常工作。在顺序阀结构中，当控制压力油直接引自进油口时（如图 5-9 所示的通路情况），这种控制方式称为内控；若控制压力油不是来自进油口，而是从外部油路引入，这种控制方式则称为外控；当阀的泄油从泄油口流回油箱时，这种泄油方式称为外泄；当阀用于出口接油箱的场合，泄油可经内部通道流入阀的出油口，以简化管路连接，这种泄油方式则称为内泄。顺序阀及不同控泄方式的图形符号如图 5-10 所示。实际应用中，不同控泄方式可通过变换阀的下盖或上盖的安装方位来获得。例如，对于图 5-9 所示的顺序阀，将下盖旋转 90°安装，并打开外控口 X 的 6- 堵头，就可使内控变成外控；同样，若将上盖旋转安装，并堵塞 7 外泄口 Y，就可使外泄变为内泄。

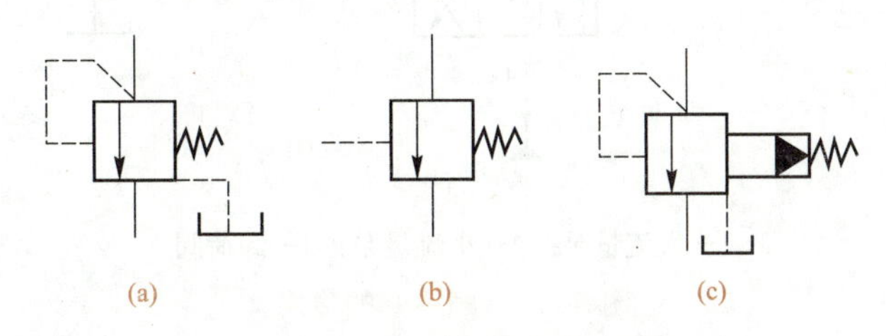

图 5-10　顺序阀的图形符号

（a）内控外泄型直动式顺序阀符号；（b）外控内泄型直动式顺序阀符号；（c）内控外泄型先导式顺序阀符号

（二）顺序阀应用举例

1. 控制多个执行元件的顺序动作

顺序阀的应用如图 5-11 所示。

图 5-11（a）中要求 A 缸先动，B 缸后动，通过顺序阀的控制可以实现。顺序阀在 A 缸进行动作①时处于关闭状态，当 A 缸到位后，油液压力升高，达到顺序阀的调定压力后，打开通向 B 缸的油路，从而实现 B 缸的动作②。

2. 与单向阀组成平衡阀

为了保持垂直放置的液压缸不因自重而自行下落，可将单向阀与顺序阀并联构成的单向顺序阀接入油路，如图 5-11（b）所示。此单向顺序阀又称为平衡阀。这里，顺序阀的开启压力要足以支承运动部件的自重。当换向阀处于中位时，液压缸即可悬停。

3. 控制双泵系统中的大流量泵卸荷

如图 5-11（c）所示油路，泵 1 为大流量泵，泵 2 为小流量泵，两泵并联。在液压缸快速进退阶段，泵 1 输出的油经单向阀后与泵 2 输出的油汇合在一起流往液压缸，使缸获得快速工进；当液压缸转为慢速工进时，缸的进油路压力升高，外控顺序阀 3 被打开，泵 1 即卸荷，由泵 2 单独向系统供油以满足工进的流量要求。在本油路中，顺序阀 3 因能使泵卸荷，故又称卸荷阀。

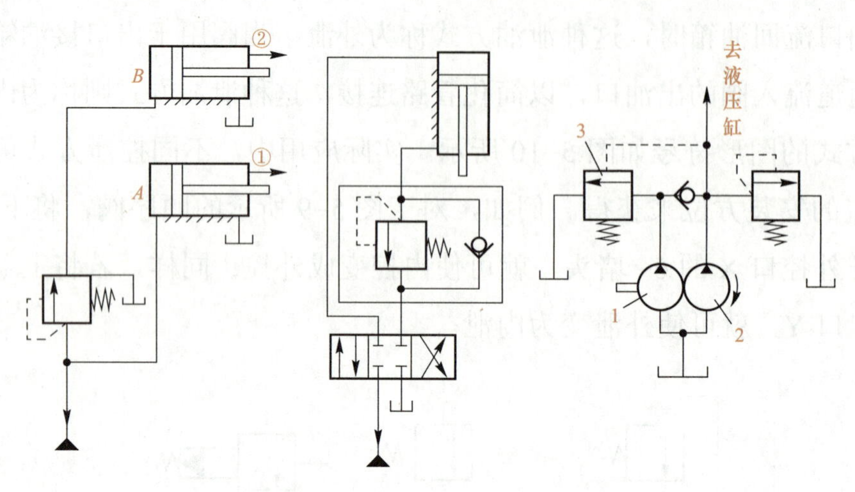

1—大流量泵；2—小流量泵；3—卸荷阀

图 5-11 顺序阀的应用

（a）用于控制顺序动作；（b）用于组成平衡阀；（c）用于使泵卸荷

5.1.3 压力继电器

压力继电器是一种液 - 电信号转换元件。当控制油压达到调定值时，便触动电气开关发出电信号控制电器元件（如电动机、电磁铁、电磁离合器等）动作，实现泵的加载或卸载、执行元件顺序动作、系统安全保护和元件动作联锁等。任何压力继电器都由压力 - 位移转换装置和微动开关两部分组成。按前者的结构分，有柱塞式、弹簧管式、膜片式和波纹管式四种，其中以柱塞式最为常用，如图 5-12 所示。其中，图 5-12（a）为单柱塞式压力继电器的结构原理。压力油从油口 P 通入作用在柱塞 1 的底部，当其压力已达到弹簧的调定值时，便克服弹簧阻力和柱塞表面摩擦力推动柱塞上升，通过顶杆 2 触动微动开关 4 发出电信号。图 5-12（b）为压力继电器的一般符号。

压力继电器的性能主要有两项。

1）调压范围，即发出电信号的最低和最高工作压力间的范围。打开面盖，拧动调节螺钉 3，即可调整工作压力。

2）通断调节区间。压力继电器发出电信号时的压力称为开启压力，切断电信号时的压力称为闭合压力。开启时，柱塞、顶杆移动所受的摩擦力方向与压力方向相反，闭合时则相同，故开启压力比闭合压力大。两者之差称为通断调节区间。通断调节区间要有足够的数值，否则系统压力脉动时，压力继电器发出的电信号会时断时续。为此，有的产品在结构上可人为地调整摩擦力的大小，使通断调节区间的数值可调。

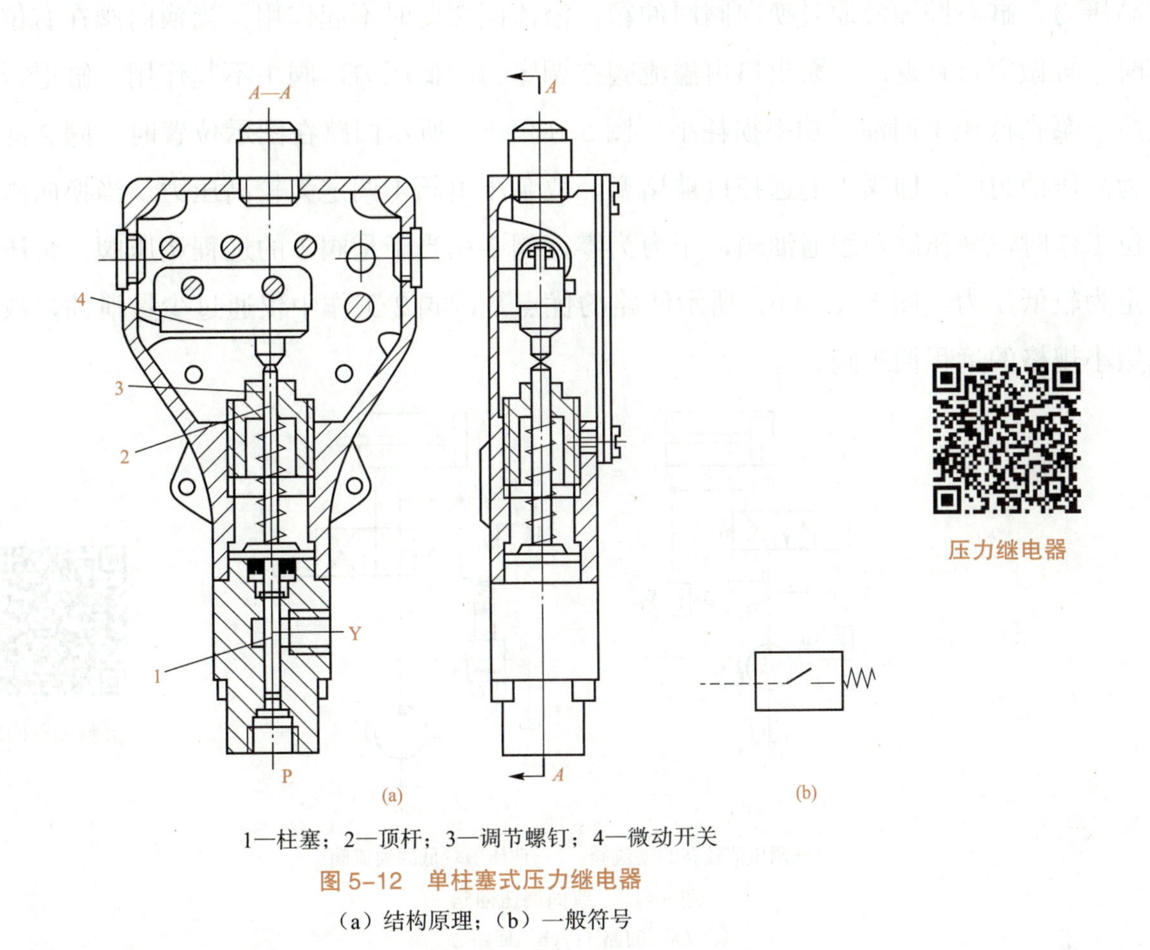

1—柱塞；2—顶杆；3—调节螺钉；4—微动开关

图 5-12　单柱塞式压力继电器

（a）结构原理；（b）一般符号

5.2　压力控制回路

压力控制回路是对系统整体或系统某一部分的压力进行控制的回路。这类回路包括调压、卸荷、释压、保压、增压、减压、平衡等多种回路。

5.2.1　调压回路

为使系统的压力与负载相适应并保持稳定，或为了安全而限定系统的最高压力，都要用到调压回路，这已在上文溢流阀的溢流稳压、远程调压与安全保护等应用实例中作过介绍。下面再介绍两种调压回路。

1. 双向调压回路

执行元件正反行程需不同的供油压力时，可采用双向调压回路，如图 5–13 所示。图 5–13（a）中，当换向阀在左位工作时，活塞为工作行程，泵出口由溢流阀 1 调定为较高压力，缸右腔油液通过换向阀回油箱，溢流阀 2 此时不起作用。当换向阀在右位工作时，缸做空行程返回，泵出口由溢流阀 2 调定为较低压力，阀 1 不起作用。缸退抵终点后，泵在低压下回油，功率损耗小。图 5–13（b）所示回路在图示位置时，阀 2 的出口为高压油封闭，即阀 1 的远控口被堵塞，故泵压由阀 1 调定为较高压力。当换向阀在右位工作时，液压缸左腔通油箱，压力为零，阀 2 相当于是阀 1 的远程调压阀，泵压被调定为较低压力。图 5–13（b）所示回路的优点是：阀 2 工作中仅通过少量泄油，故可选用小规格的远程调压阀。

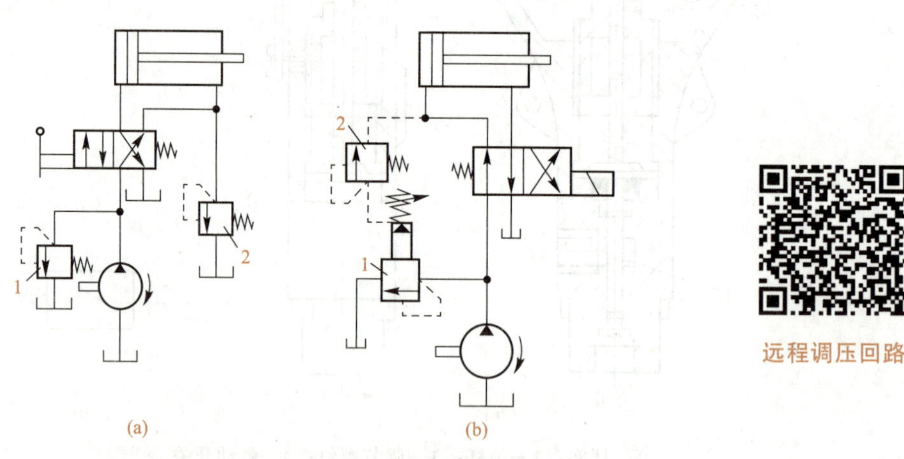

1—调压值较高的溢流阀；2—调压值较低的溢流阀

图 5–13　双向调压回路

（a）回路 1；（b）回路 2

2. 多级调压回路

注塑机、液压机在不同的工作阶段，液压系统需要不同的压力，如图 5–14 所示。图 5–14（a）为二级调压回路。在图示状态，泵出口由溢流阀调定为较高压力；电磁阀通电后，则由远程调压阀 2 调定为较低压力。图 5–14（b）所示为三级调压回路。图示状态时，泵出口由阀 1 调定为最高压力（若阀 4 采用 H 型中位机能的电磁阀，则此时泵卸荷，即为最低压力）；当换向阀 4 的左、右电磁铁分别通电时，泵压由远程调压阀 2 或 3 调定。需要强调：在图 5–14（a）或图 5–14（b）中，为了获得多级压力，阀 2 或阀 3 的调定压力必须小于本回路中阀 1 的调定压力值。

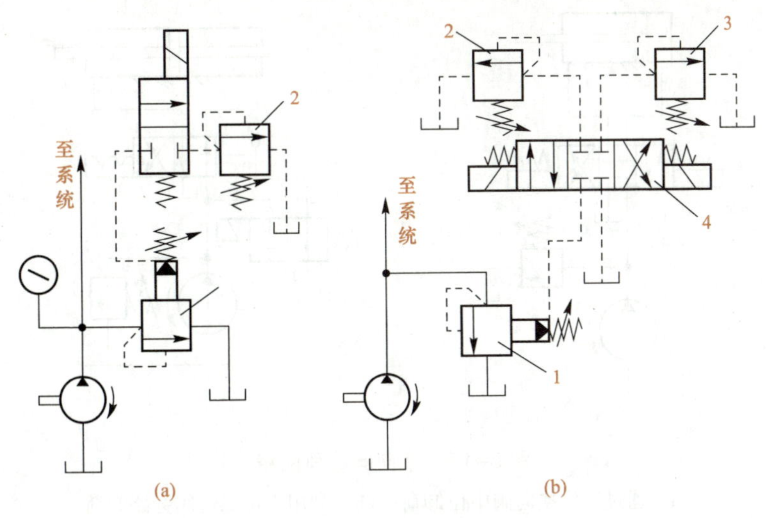

1—先导式溢流阀；2、3—远程调压阀；4—换向阀

图 5–14　多级调压回路 8

（a）二级调压回路；（b）三级调压回路

5.2.2　卸荷回路

在液压设备短时间停止工作期间，一般不宜关闭电动机，因频繁启、闭对电动机和泵的寿命有严重影响。但若让泵在溢流阀调定压力下回油，又造成很大的能量浪费，使油温升高，系统性能下降。为此应设置卸荷回路解决上述矛盾。

所谓卸荷，即泵的功率损耗接近于零的运动状态。功率为流量与压力之积，两者任一近似为零，功率损耗即近似为零，故卸荷有流量卸荷和压力卸荷两种方法。流量卸荷法用于变量泵，一般当变量泵工作压力高到某数值（例如限压式变量叶片泵在截止压力下运转）时，输出流量为零，所以 M 型三位换向阀处于中位机能时，变量泵便处于卸荷状态。此法简单，但泵处于高压状态，磨损比较严重；压力卸荷法是使泵在接近零压下工作。

常见的压力卸荷回路有下述几种。

1. 换向阀卸荷回路

换向阀卸荷载回路如图 5–15 所示。当 M、H 和 K 型中位机能的三位换向阀处于中位时，泵即卸荷，如图 5–15（a）所示。图 5–15（b）所示为利用二位二通阀旁路卸荷。两法均较简单，但换向阀切换时会产生液压冲击，仅适用于低压、流量小于 40 L/min 处，且配管应尽量短。若将图 5–15（a）所示的换向阀改为装有换向时间调节器的电液换向阀，则可用于流量较大的系统，卸荷效果更好（注意，此时泵的出口或换向阀回油口应设置背压阀，以便系统能重新启动）。

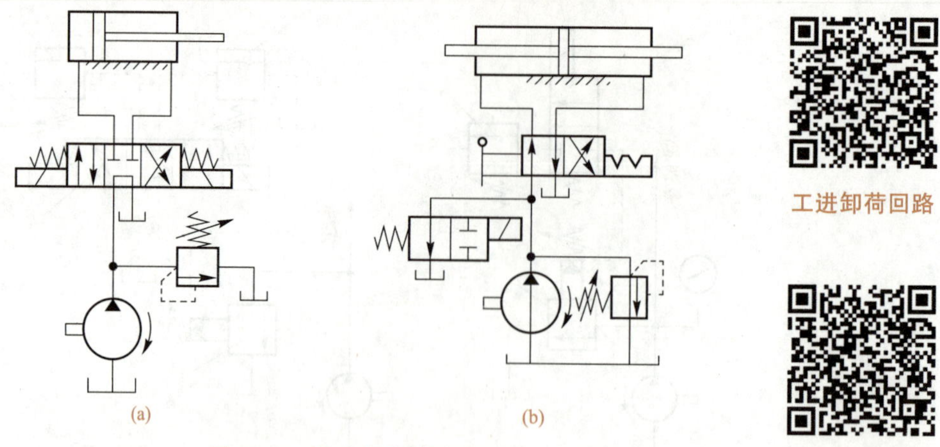

图 5-15　换向阀卸荷回路

（a）通过三位换向阀中位卸荷；（b）利用二位二通阀旁路卸荷

2. 电磁溢流阀卸荷回路

流量较大时采用先导型溢流阀实现卸荷的方法性能较好，其原理已在上文述及。此回路若采用电磁溢流阀，如图 5-16 所示，管路连接可更简便。电磁溢流阀中的电磁换向阀可以是二位二通阀或二位四通阀。根据二位阀常态位的通断情况，常态时泵可卸荷或不卸荷；通过二位阀的泄油可作外部泄油（泄油单独通油箱）或内部泄油（泄油由阀内接通溢流阀的回油腔）。图 5-16 只示出了其中的两种情况。

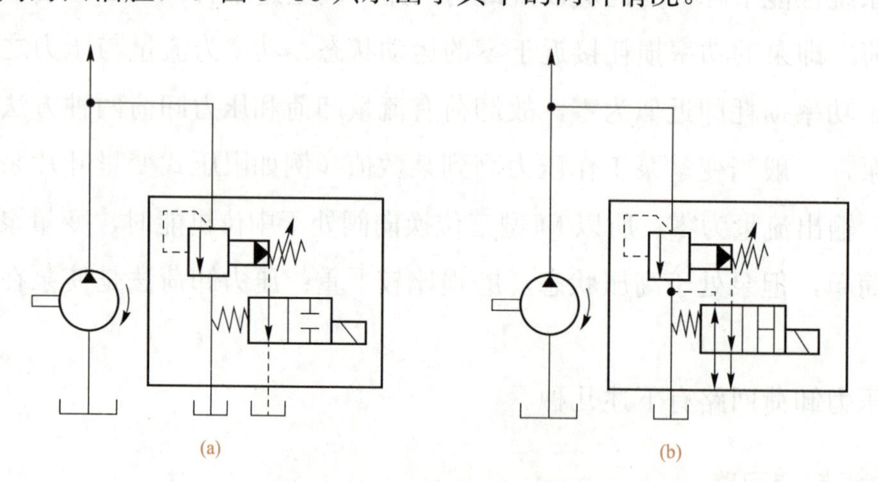

图 5-16　电磁溢流阀卸荷回路

（a）换向阀为二位二通阀；（b）换向阀为二位四通阀

3. 二通插装阀卸荷回路

二通插装阀通流能力大，由它组成的卸荷回路适用于大流量系统。图 5-17 所示的二通插装阀卸荷回路中，正常工作时，泵压由先导阀 B 调定。当先导阀 C 通电后，主阀上腔接通油箱，主阀口完全打开，泵即卸荷。

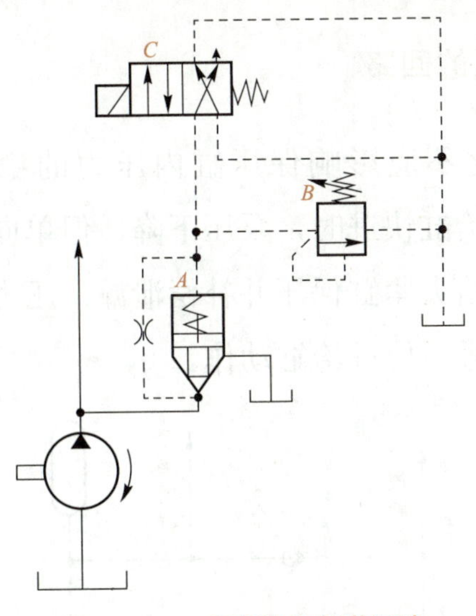

图 5-17　二通插装阀卸荷回路

5.2.3　保压回路

液压缸在工作循环的某一阶段，若需要保持一定的工作压力，就应采用保压回路。在保压阶段，液压缸没有运动，最简单的办法是用一个密封性能好的单向阀来保压。但是这种办法保压时间短，压力稳定性不高。由于此时液压泵常处于卸荷状态（为了节能）或给其他液压缸供应一定压力的工作油液，为补偿保压缸的泄漏和保持其工作压力，可在回路中设置蓄能器。下面列举几个典型的蓄能器保压回路。

1. 泵卸荷的保压回路

图 5-18 所示的泵卸荷的保压回路中，当主换向阀在左位工作时，液压缸前进压紧工件，进油路压力升高，压力继电器发出信号使二通阀通电，泵即卸荷，单向阀自动关闭，液压缸则由蓄能器保压。缸压不足时，压力继电器复位使泵重新工作。保压时间取决于蓄能器容量，调节压力继电器的通断调节区间即可调节缸压力的最大值和最小值。

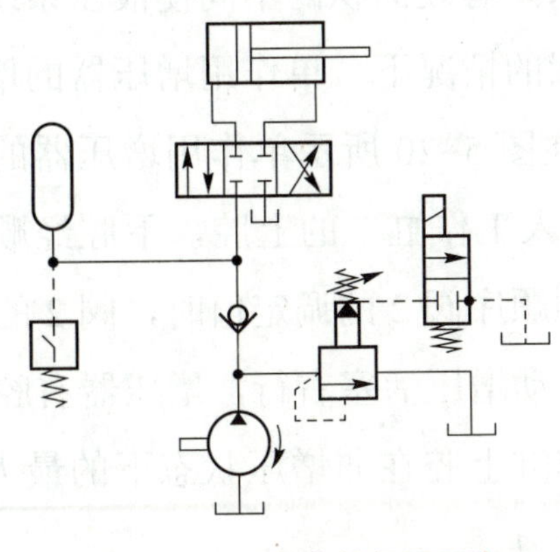
图 5-18　泵卸荷的保压回路

蓄能器保压回路

2. 多缸系统——缸保压的回路

多缸系统中负载的变化不应影响保压缸内压力的稳定。图 5-19 所示的多缸系统——缸保压的回路中，进给缸快进时，泵压下降，但单向阀 3 关闭，把夹紧油路和进给油路隔开。蓄能器 4 用来给夹紧缸保压并补偿泄漏。压力继电器 5 的作用是在夹紧缸压力达到预定值时发出电信号，使进给缸动作。

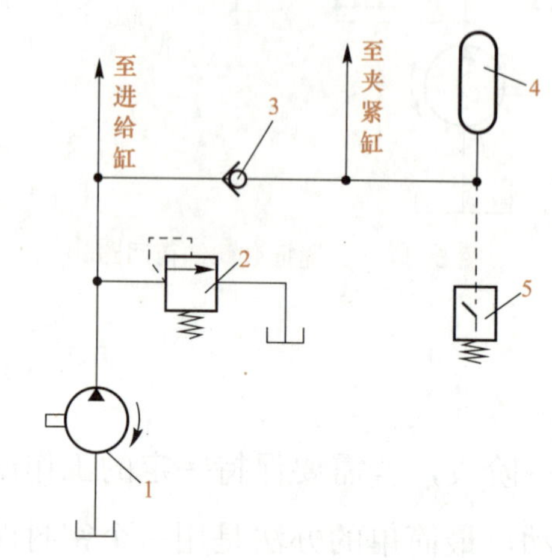

1—泵；2—溢流阀；3—单向阀；4—蓄能器；5—压力继电器

图 5-19　多缸系统——缸保压的回路

5.2.4　增压回路

增压回路可以提高系统中某一支路的工作压力，以满足局部工作机构的需要。采用增压回路，系统的整体工作压力仍然较低，这样就可以节省能源消耗。

1. 单作用增压器的增压回路

增压器实际上是由活塞缸和柱塞缸（或小活塞缸）组成的复合缸（见图 5-20 中件 4），它利用活塞和柱塞（或小活塞）有效面积的不同使液压系统中的局部区域获得高压。显然，在不考虑摩擦损失与泄漏的情况下，单作用增压器的增压倍数（增压比）等于增压器大小两腔有效面积之比。在图 5-20 所示单作用增压器的增压回路中，当阀 1 在左位工作时，压力油经阀 1、6 进入工作缸 7 的上腔，下腔经顺序阀 8 和阀 1 回油，活塞下行。当负载增加使油压升高到顺序阀 2 的调定值时，阀 2 的阀口打开，压力油即经阀 2、阀 3 进入增压器 4 的左腔，推动增压活塞右行，增压器右腔便输出高压油进入工作缸 7。调节顺序阀 2，可以调节工作缸上腔在非增压状态下的最大工作压力。调节减压阀 3，可以调节增压器的最大输出压力。

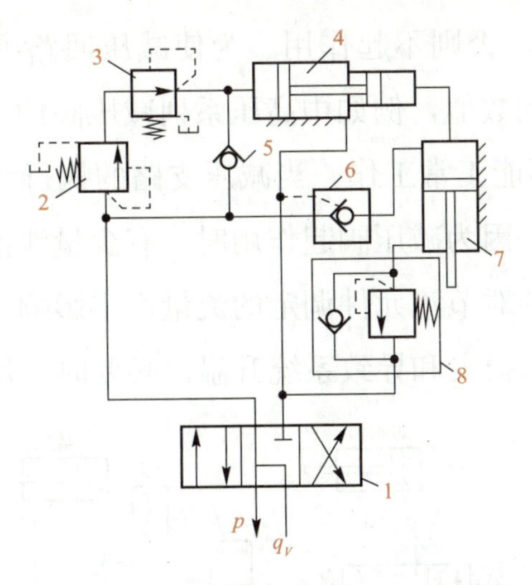

1—换向阀；2—顺序阀；3—减压阀；4—增压器；5—单向阀；
6—液控单向阀；7—工作缸；8—单向顺序阀

图 5-20　单作用增压器的增压回路

2. 双作用增压器的增压回路

单作用增压器只能断续供油，若需获得连续输出高压油，可采用图 5-21 所示的双作用增压器连续供油的增压回路。图示位置，液压泵压力油进入增压器左端大、小油腔，右端大油腔的回油通油箱，右端小油腔增压后的高压油经单向阀 4 输出，此时单向阀 1、3 被封闭。当活塞移到右端时，二位四通换向阀的电磁铁通电，油路换向后，活塞反向左移。同理，左端小油腔输出的高压油通过单向阀 3 输出。这样，增压器的活塞不断往复运动，两端便交替输出高压油，从而实现了连续增压。

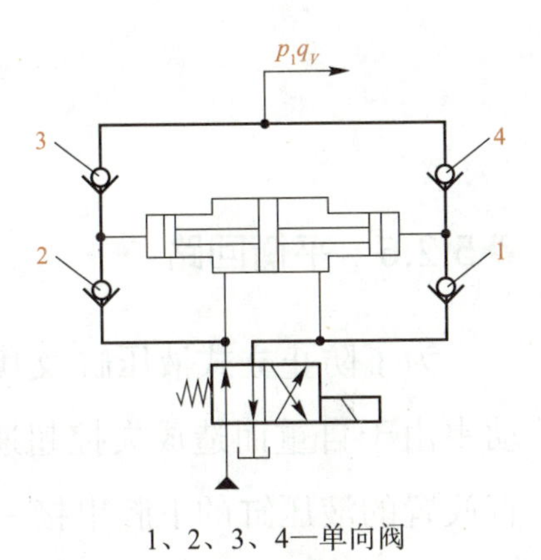

1、2、3、4—单向阀

图 5-21　双作用增压器的增压回路

5.2.5　减压回路

定位、夹紧、分度、控制油路等支路往往需要稳定的低压，为此，该支路只需串接一个减压阀即可。图 5-22 所示为用于工件夹紧的减压回路。通常减压阀后要设单向阀，以防系统压力降低时（例如另一缸空载快进）油液倒流，并可短时保压。图示状态，夹紧压力由阀 1 调定；当二通阀通电后，夹紧压力则由远程调压阀 2 决定，故此回路为二级减压回路。若系统只需一级减压，可取消二通阀与阀 2，并堵塞阀 1 的外控口。若取消二通阀，阀 2 用直动式比例溢流阀取代，根据输入信号的变化，便可获得无级或多级的稳定低压。有时反向无须减压，可用单向减压阀取代，但此时，要将单向减压阀置于换向阀与夹紧缸之间，否则不起作用。为使减压回路可靠地工作，其最高调整压力应比系统压力低出一定的数值，例如中高压系列减压阀约为 1 MPa（中低压系列约为 0.5 MPa），否则减压阀不能正常工作。当减压支路的执行元件速度需要调节时，节流元件应装在减压阀的出口。因为减压阀起作用时，有少量泄油从先导阀流回油箱，节流元件装在出口，可避免泄油对节流元件调定的流量产生影响。减压阀出口压力若比系统压力低得很多，会增加功率损失和导致系统升温，必要时可用高低压双泵分别供油。

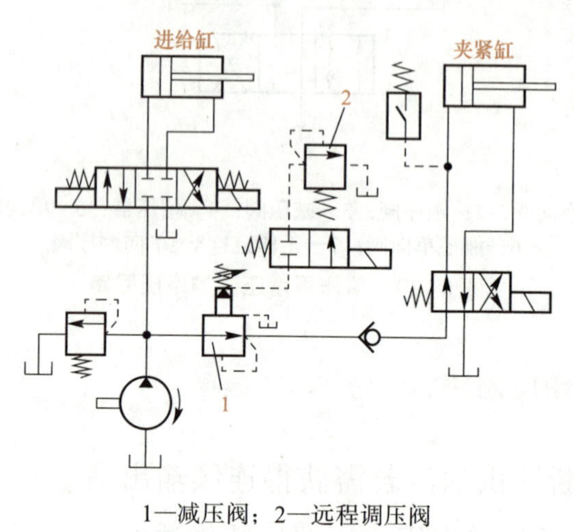

1—减压阀；2—远程调压阀

图 5-22 减压回路

减压回路

5.2.6 平衡回路

为了防止立式液压缸及其工作部件在悬空停止期间因自重而自行下滑，或在下行运动中由于自重而造成失控超速的不稳定运动，可设置平衡回路，如图 5-23 所示。在垂直放置的液压缸的下腔串接一单向顺序阀可防止液压缸因自重而自行下滑（见上文顺序阀应用举例）。由于活塞下行时有较大的功率损失，为此可采用外控单向顺序阀平衡回路，如图 5-23（a）所示。活塞下行时，来自进油路、并经节流阀的控制压力油打开顺序阀，背压较小，提高了回路效率。但由于顺序阀的泄漏，运动部件在悬停过程中总要缓慢下降。对要求停止位置准确或停留时间较长的液压系统，可采用图 5-23（b）所示的液控单向阀平衡回路。在图 5-23（b）中，节流阀的设置是必要的。若无此阀，则运动部件下行时会因自重而超速运动，缸上腔出现真空，致使液控单向阀关闭，待压力重建后才能再打开，这会造成下行运动时断时续和强烈振动的现象。

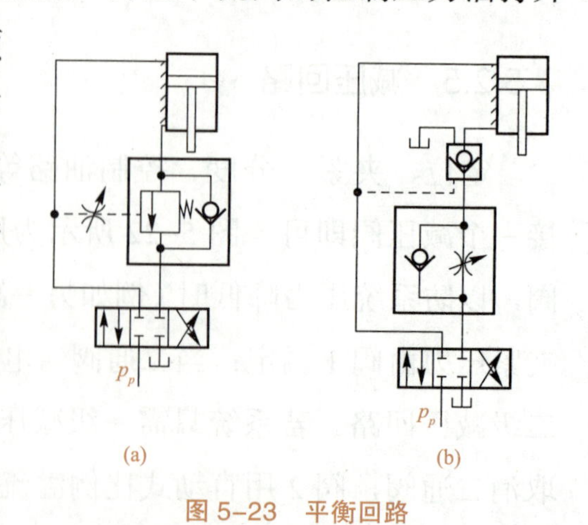

图 5-23 平衡回路

（a）采用外控单向顺序阀；（b）采用液控单向阀

大国工匠——窦铁成

模块 6

流量控制阀和速度控制回路

6.1 流量控制阀

流量控制阀通过改变阀口过流面积来调节控制流量，从而控制执行元件运动速度。常用的流量阀有节流阀和调速阀两种。

6.1.1 节流阀

节流阀如图 6–1 所示，压力油从进油口 A 流入，经节流口从出油口 B 流出。节流口所在阀芯 1 的锥部通常开有二或四个三角槽（节流口还有若干种结构形式）。调节手轮借助推杆 3 使进、出油口之间流通面积变化，即可调节流量。弹簧用于顶紧阀芯保持阀口开度不变。这种阀口的调节范围大。流量与阀口前后的压力差呈线性关系，有较小的稳定流量，但流道有一定长度，流量易受温度影响。进口油液通过弹簧腔径向小孔和阀体 4 的上部斜孔同时作用在阀芯的上下两端，使阀芯两端液压力平衡。所以，即使在高压下工作，也能轻便地用于调节阀口开度。

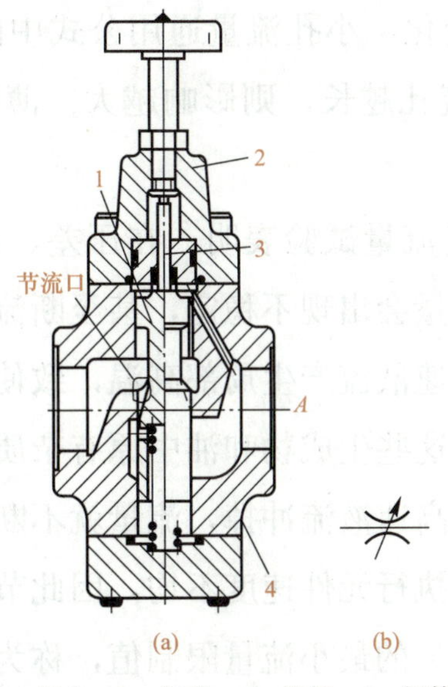

节流阀原理

节流阀拆装

1—阀芯；2—阀盖；3—推杆；4—阀体

图 6–1　节流阀

（a）结构原理；（b）图形符号

2. 调节阀的流量特性和影响稳定的因素

节流阀的输出流量与节流口的结构形式有关，实用的节流口都介于理想薄壁孔和细长孔之间，故其流量特性可用小孔流量通用公式 $q_v=CA_T\Delta P$ 来描述，特性曲线如图 6-2 所示。

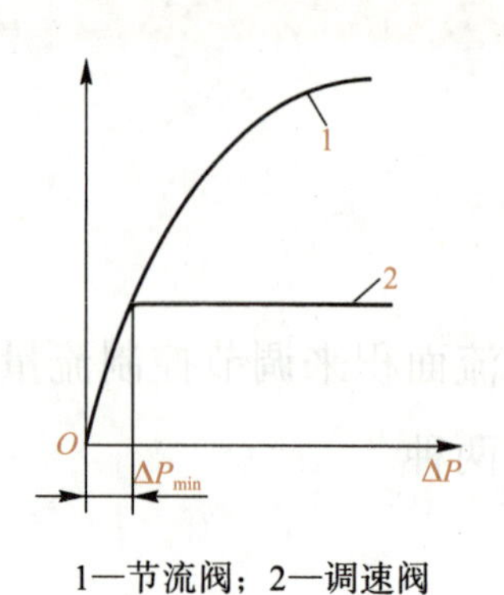

1—节流阀；2—调速阀

图 6-2 流量阀的流量特性

人们希望节流阀阀口面积 A_T 一经调定，通过流量 q_v 即不变化，以使执行元件速度稳定，但实际上无法实现，其主要原因有二。

（1）负载变化的影响

液压系统负载常数非定值，负载变化后，执行元件工作压力随之变化，与执行元件相连的节流阀前后压差 Δp 即发生变化，流量也就随之变化。薄壁孔 ΔP 值最小，故负载变化对薄壁孔流量的影响也最小。

（2）温度变化的影响

油温变化引起油的黏度变化，小孔流量通用公式中的系数 C 值就发生变化，从而使流量发生变化。显然，节流孔越长，则影响越大；薄壁孔长度短，对温度变化最不敏感。

节流阀的阻塞和最小稳定流量试验表明，在压差、油温和黏度等因素不变的情况下，当节流阀开度很小时，流量会出现不稳定，甚至断流，这种现象称为阻塞。产生阻塞的主要原因是：节流口处高速液流产生局部高温，致使油液氧化生成胶质沉淀，甚至引起油中碳的燃烧产生灰烬。这些生成物和油中原有杂质结合，在节流口表面逐步形成附着层，它不断堆积又不断被高速液流冲掉，流量就不断地发生波动，附着层堵死节流口时则出现断流阻塞造成系统执行元件速度不均，因此节流阀有一个能正常工作（指无断流且流量变化率不大于 10%）的最小流量限制值，称为节流阀的最小稳定流量。轴向三角槽式节流口的最小稳定流量为 30 ～ 50 mL/min。薄刃孔则可低达 10 ～ 15 mL/min（因流道短和水力直径大，减少了污染物附着的可能性）。在实际应用中，防止节流阀阻塞的措施如下。

（1）油液要精密过滤

实践证明，精密过滤能显著改善阻塞现象。为除去铁质污染，采用带磁性的过滤器效果更好。

（2）节流阀两端压差要适当压差大，节流口能量损失大，温度高；对同等流量，压差大对应的过流面积小，易引起阻塞。设计时一般取压差 ΔP=0.2 ～ 0.3 MPa。

6.1.2　调速阀

调速阀是由定差减压阀与节流阀串联而成的组合阀，如图 6–3 所示。节流阀用来调节通过的流量，定差减压阀则自动补偿负载变化的影响，使节流阀前后的压差为定值，消除了负载变化对流量的影响。如图 6–3（a）所示，定差减压阀 1 与节流阀 2 串联，定差减压阀左右两腔也分别与节流阀前后端连通。设定差减压阀的进口压力为 P_1，油液经减压后出口压力为 P_2，通过节流阀又降至 P_3 进入液压缸。P_3 的大小由液压缸负载 1 决定。负载 F 变化，则 P_3 和调速阀两端压差 P_1–P_3 随之变化，但节流阀两端压差 P_2–P_3 却不变，例如 F 增大使 P_3 增大，减压阀芯弹簧腔液压作用力也增大，阀芯左移，减压口开度 x 加大，减压作用减小，使 P_2 有所增加，结果压差 P_2–P_3 保持不变；反之亦然。调速阀通过的流量因此就保持恒定了。

下面说明行程限位器 s 的作用。当调速阀用于机床等进给系统时，在工作进给以外的动作循环和停机阶段，调速阀内无油液通过，两端无压差，减压阀芯被弹簧压在最左端，减压口全开。调速阀重新启动时，油液大量通过，造成节流阀两端有很大的瞬时压差，以致瞬时流量过大使液压缸前冲，这种现象称为启动冲击。启动冲击会降低加工质量，甚至使机件损坏。因此，调速阀在减压阀阀体上装有可调的行程限位器，以限制未工作时的减压口开度。此外，还可以在减压阀左腔中通入控制油，目的也是使减压口在未工作时不致打开。调速阀的具体结构这里不再介绍，必要时可参阅有关图册。一般在调速阀阀体中，减压阀和节流阀相互垂直安装。节流阀部分有流量调节手轮，而减压阀部分通常附有行程限位器。图 6–3（b）、图 6–3（c）分别表示调速阀的详细符号和简化符号。

调速阀消除了负载变化对流量的影响，但温度变化的影响依然存在。对速度稳定性要求高的系统，所用的调速阀应带有流量的温度补偿装置，即使用温度补偿调速阀。温度补偿调速阀与普通调速阀的结构基本相似，主要区别在于前者的节流阀阀芯上连接着一根温度补偿杆，如图 6–4 所示。温度变化时，流量本会有变化，但由于温度补偿杆的材料为温度膨胀系数大的聚氯乙烯塑料，温度高时长度增加，使阀口减小，反之则开大，故能维持流量基本不变（在 20 ～ 60 ℃范围内流量变化不超过 10%）。图 6-4 所示阀芯的节流口采用薄壁孔形式，能减小温度变化对流量稳定性的影响。

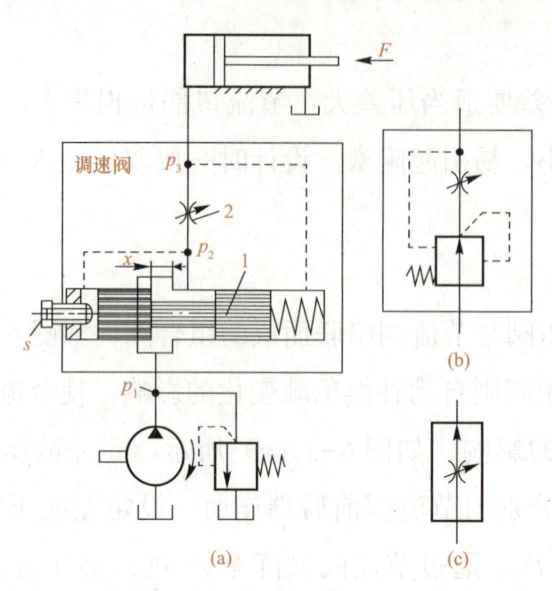

1—定差减压阀；2—节流阀；s—行程限位器；3—节流口；4—节流阀阀芯

图 6-3　调速阀的工作原理和符号

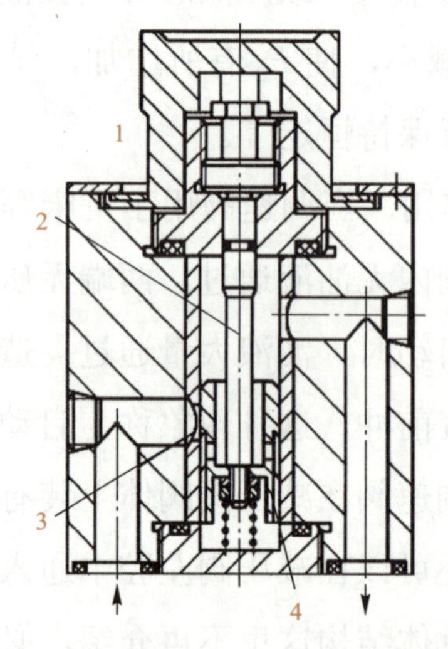

1—调节手轮；2—温度补偿杆；3—节流灯；4—节流阀闷芯

图 6-4　流量的温度补偿原理

（a）工作原理；（b）详细符号；（c）简化符号

调速阀当其前后两端的压差超过最小值 ΔP_{min} 以后，流量是稳定的。而在 ΔP_{min} 以内，流量随压差的变化而变化，其变化规律与节流阀相一致。调速阀的压差过低，将导致其内的定差减压阀阀口全部打开，即减压阀处于非工作状态，只剩下节流阀在起作用。调速阀的最小压差 $\Delta P_{min} \approx 1$ MPa（中低压阀约 0.5 MPa）。系统设计时，分配给调速阀的压差应略大于此值。

6.2 速度控制回路

速度控制回路液压系统执行元件的速度应能在一定范围内加以调节（调速回路）；由空载进入加工状态时速度要能由快速运动稳定地转换为工进速度（速度换接回路）；为提高效率，空载快进速度应能超越泵的流量而有所增加（增速回路）。机械设备，特别是机床，对调速性能有较高要求，故调速回路是本章的重点。

6.2.1　调速回路

调速回路对公式 $v=q_v/A$ 和 $n=q_v/V$ 进行分析，工作中面积 A 改变较难，故合理的调速途径是改变流量 q_v（用流量阀或用变量泵）和使用排量 V 可变的变量马达。据此调速回路有节流调速、容积调速和容积节流调速三种。对调速的要求是调速范围大、调好后的速度稳定性好和效率高。

（一）节流调速回路

节流调速回路使用定量泵供油，用节流阀或调速阀改变进入执行元件的流量使之变速。根据流量阀在回路中的位置不同，分为进油节流调速、回油节流调速和旁路节流调速三种回路。

1. 进油节流调速回路

在执行元件的进油路上串接一个流量阀即构成进油节流调速回路，如图 6-5 所示。其中，图 6-5（a）所示为采用节流阀的液压缸进油节流调速回路。泵的供油压力由溢流阀调定，调节节流阀的开口，改变进入液压缸的流量，即可调节缸的速度。泵多余的流量经溢流阀回到油箱，故无溢流阀不能调速。

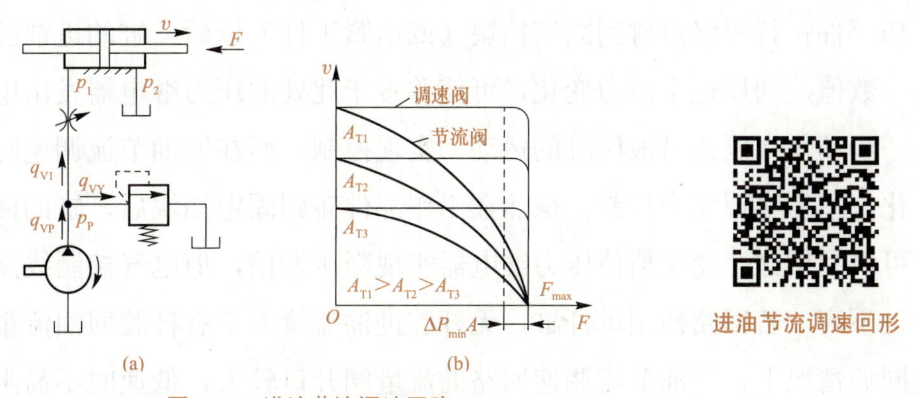

图 6-5　进油节流调速回路

（a）回路图；（b）速度负载特性曲线

液压缸速度与节流阀通流面积 A_T 成正比。调节 A_T 可实现无级调速，这种回路的调速范围较大。当 A_T 调定后，速度随负载的增大而减小，故这种调速回路的速度负载特性较“软”。选用不同的 A_T 值作 v–F 坐标曲线图，可得一组曲线，即为本回路的速度负载特性曲线，如图 6–5（b）所示。速度负载特性曲线表明速度随负载变化的规律，曲线越陡，说明负载变化对速度的影响越大，即速度刚度低。由速度负载特性曲线可知，当节流阀通流面积 A_T 不变时，轻载区域比重载区域的速度刚度高；在相同负载下工作时，节流阀通流面积小的比大的速度刚度高，即速度低时速度刚度高。由图 6–15（b）还可见到，三条（多条也一样）特性曲线汇交于横坐标轴上的一点，该点对应的 F 值即为最大负载。这说明最大承载能力 F 与速度调节无关。

由于存在两部分功率损失，故这种调速回路的效率较低。有资料表明，当负载恒定或变化很小时。η=0.2 ～ 0.6；当负载变化较大时，回路的最高效率为 0.385。机械加工设备常有快进→工进→快退的工作循环，工进时泵的大部分流量溢流，回路效率极低，而低效率导致温升和泄漏增加，进一步影响了速度稳定性和效率。回路功率越大，问题越严重。可见，进油节流调速回路适用于轻载、低速、负载变化不大和对速度稳定性要求不高的小功率液压系统。

2. 回油节流调速回路

在执行元件的回油路上串接一个流量阀，即构成回油节流调速回路。图 6–16 所示为采用节流阀的液压缸回油节流调速回路。用节流阀调节缸的回油流量，也就控制了进入液压缸的流量，所得结果与图 6–5（b）相同。可见进、回油节流调速回路有相同的速度负载特性，进油节流调速回路的前述一切结论都适用于本回路。以上两回路的不同点是：回油节流调速回路的节流阀使液压缸回油腔形成一定的背压，因而能承受一定的负值负载，并提高了缸的速度平稳性。进油节流调速回路较易实现压力控制。因为当工作部件在行程终点碰到固定挡块（或压紧工件）以后，缸的进油腔油压会立即上升到某一数值，利用这个压力变化，可使并接于此处的压力继电器发出电气信号，对系统的下一步动作（例如另液压缸的运动）实现控制。而在回油节流调速时，进油腔压力没有变化，不易实现压力控制。虽然在工作部件碰到固定挡块后，缸的回油腔压力下降为零，可以利用这个变化值使压力继电器实现降压发信，但电气控制线路比较复杂，且可靠性也不高。若回路使用单杆缸，无杆腔进油流量大于有杆腔回油流量，故在缸径、缸速相同的情况下，进油节流调速回路的流量阀开口较大，低速时不易阻塞。因此，进油节流调速回路能获得更低的稳定速度。

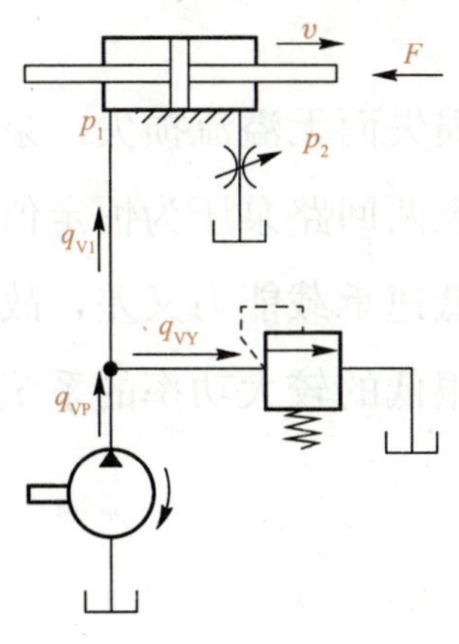

图 6-6　回油节流调速回路

回油节流调速回路

3. 旁路节流调速回路

将流量阀安放在与执行元件并联的旁油路上，即构成旁路节流调速回路，如图 6-7 所示。图 6-7（a）为采用节流阀的旁路节流调速回路。节流阀调节了泵溢回油箱的流量，从而控制了进入缸的流量。调节节流阀开口，即实现了调速。由于溢流已由节流阀承担，故溢流阀用作安全阀，常态时关闭，过载时打开，其调定压力为回路最大工作压力的 1.1 ～ 1.2 倍。

选取不同的 A_T 值作图，可得一组速度负载特性曲线，如图 6-7（b）所示。由曲线可见，负载变化时速度变化较上两回路更为严重，即特性很"软"，速度稳定性很差。同时，由曲线还可看出，本回路在重载高速时的速度刚度较高，这与上两回路恰好相反。

图 6-7（b）中的三条曲线在横坐标轴上并不交汇，最大承载能力随节流口 A_r 的增加而减小，即旁路节流调速回路的低速承载能力很差，调速范围也小。

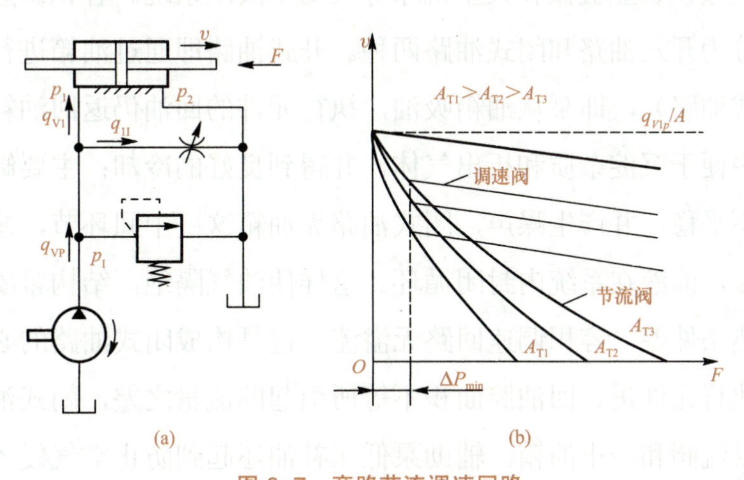

图 6-7　旁路节流调速回路

（a）回路图；（b）速度负载特性曲线

（3）功率

旁路节流调速回路只有节流损失而无溢流损失；泵压直接随负载变化，即节流损失和输入功率随负载而增减，不像上两回路泵压为恒定值，因此，本回路的效率较高。本回路的速度负载特性很“软”，低速承载能力又差，故其应用比前两种回路少，只用于高速、重载，对速度平稳性要求很低的较大功率的系统，如牛头刨床主运动系统、输送机械液压系统等。

4. 采用调速阀的节流调速回路

采用节流阀的节流调速回路在负载变化时，缸速随节流阀两端压差变化，故速度平稳性差。若用调速阀代替节流阀，则速度平稳性便大为改善。因为只要调速阀两端的压差超过它的最小压差值，通过调速阀的流量便不随压差而变化。资料表明，进油和回油节流调速回路采用调速阀后，速度波动量不超过 ±4%。旁路调速回路则因泵的泄漏，性能虽差一些，但速度随负载增加而下降的现象已大为减轻，承载能力低和调速范围小的问题也随之得到解决。在采用调速阀的调速回路中，虽然解决了速度稳定性问题，但由于调速阀中包含了减压阀和节流阀的损失，并且同样存在着溢流阀损失，故此回路的功率损失比节流阀调速回路还要大些。

（二）容积调速回路

节流调速回路效率低、发热量大，只适用于小功率系统。而采用变量泵或变量马达的容积调速回路，因无节流损失或溢流损失，故效率高，发热量小。容积调速回路适用于工程机械、矿山机械、农业机械和大型机床等大功率液压系统。容积调速的油路按油液循环方式的不同，分为开式油路和闭式油路两种。开式油路即通过油箱进行油液循环的油路（前述回路皆开式油路），即泵从油箱吸油，执行元件的回油仍返回油箱。开式油路的优点是油液在油箱中便于沉淀杂质和析出气体，并得到良好的冷却；主要缺点是空气易侵入油液，致使运动不平稳，并产生噪声，闭式油路无油箱这一中间环节，泵吸油口和执行元件回油口直接连接，油液在系统内封闭循环。这样使油气隔绝，结构紧凑，运行平稳，噪声小；缺点是散热条件差。容积调速回路无溢流，这是构成闭式油路的必要条件。为了补偿泄漏以及由于执行元件进、回油腔面积不等所引起的流量之差，闭式油路需设辅助泵，与之配套还设一溢流阀和一小油箱。辅助泵低压补油还起到防止空气侵入、改善主泵吸油条件、强迫系统内热油（因元件有压力损失）与小油箱中冷油进行一定程度热交换的作用。容积调速回路按所用执行元件的不同分为泵－缸式和泵－马达式两类。

1. 泵－缸式容积调速回路

回路组成如图 6-8 所示。该回路为开式油路，但也可采用闭式油路。改变变量阀 1 的排量即可调节活塞速度。2 为安全阀，回路最大压力由它限定。6 为背压阀。单向阀 3 用来防止系统停机时油液经泵倒流入油箱和空气进入系统。

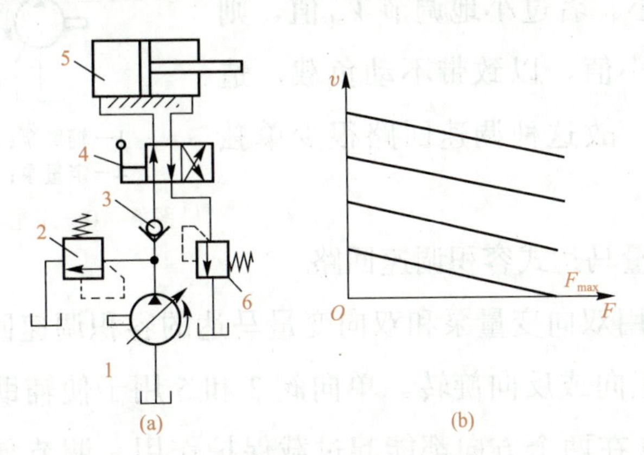

1—变量阀；2—安全阀；3—单向阀；5—液压阀；6—背压阀

图 6-8　泵－缸式容积调速回路

（a）回路图；（b）v-F 特性曲线

2. 泵－马达式容积调速回路

泵－马达式容积调速回路有三种形式，即变量泵－定量马达式、定量泵－变量马达式和变量泵－变量马达式，下面分别作简要介绍。

（1）变量泵－定量马达式容积调速回路

如图 6-9 所示，此回路采用了闭式油路。5 为安全阀，1 为补油辅助泵，其输出低压补油由溢流阀 2 调定。变量阀 4 输出的流量全部进入定量马达 6。若不计损失，马达的转速 $n_M=q_{VP}/V_M$。因马达的排量 V_M 为定值，故可调节变量泵的流量 q_{VP}。即可对马达的转速 n_M 进行调节。同样，在不计损失的条件下，马达的输出转矩 $T=p_PV_M/2\pi$，功率 $P=P_P$。

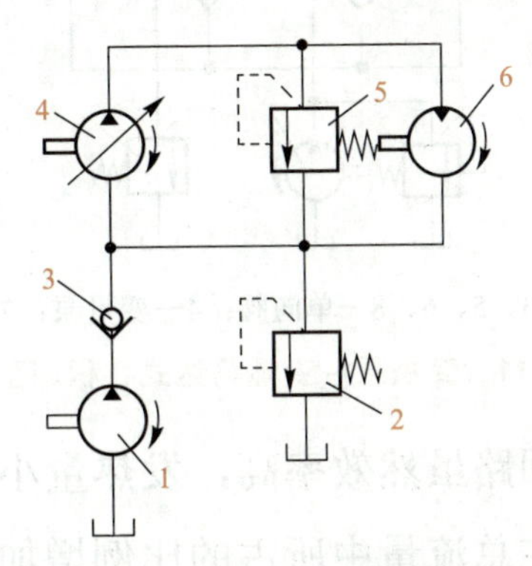

1—辅助泵；2—溢流阀；3—单向阀；4—变量阀；5—安全阀；6—定量马达

图 6-9　变量泵－定量马达式容积调速回路

（2）定量泵－变量马达式容积调速回路

图 6-10 所示为回路的组成。根据式 $n_M=q_{VP}/V_W$，因定量泵 4 的供油流量 q_{VP} 为定值，故调节变量马达 6 的排量 V_M，便可对自身的转速 n_m 进行调节。本回路的调速范围甚小。者过小地调节 V_M 值，则输出转矩 T 将降至很小值，以致带不动负载，造成马达“自锁”现象，故这种调速回路很少单独使用。

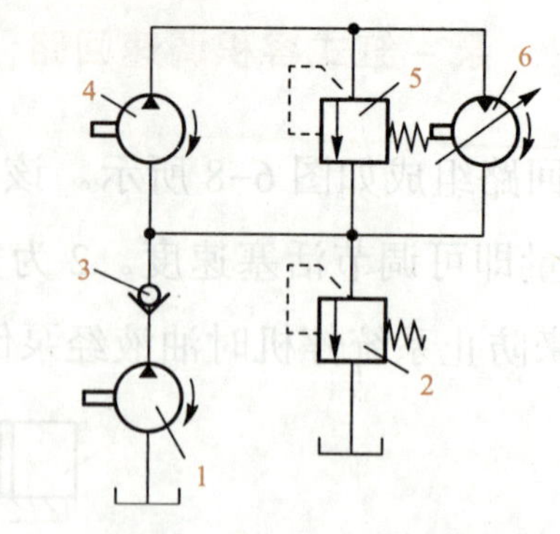

1—辅助泵；2—溢流阀；3—单向阀；
4—定量泵；5—安全阀；6—变量马达

图 6-10　定量泵－变量马达式容积调速回路

（3）变量泵－变量马达式容积调速回路

图 6-11 所示为采用双向变量泵和双向变量马达的容积调速回路。变量泵 4 正向或反向供油，马达 7 即正向或反向旋转。单向阀 3 和 5 用于使辅助泵 1 能双向补油；单向阀 6 和 8 使溢流阀 9 在两个方向都能起过载保护作用。调节泵或马达的排量均可调节马达转速，故扩大了调速范围，也扩大了对马达转矩和功率输出特性的选择，即工作部件对转矩和功率上的要求可通过对二者排量的适当调节来达到。例如，一般机械设备低速时要求有大转矩以顺利启动；高速时则要求有恒功率输出，以不同的转矩和转速组合进行工作。这时应分两步调节转速。第一步，把马达排量 V_M 固定在最大值上（相当于定量马达），自小到大调节泵的排量 V_P，提高马达转速。第二步，把泵的排量 V_P。固定在最大值上（相当于定量泵），自大到小调节马达的排量 V_M，进一步提高马达转速。

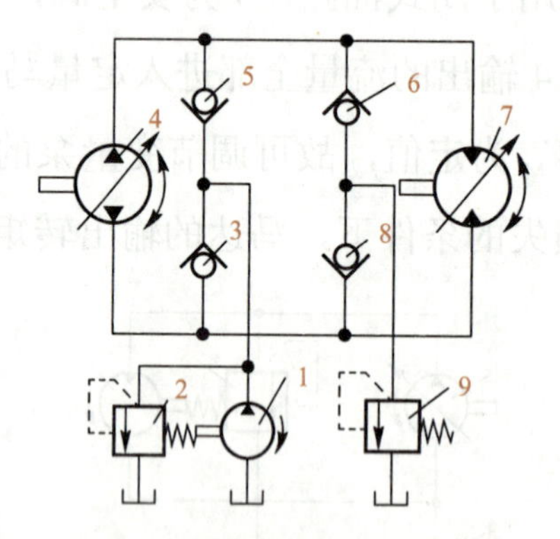

1—辅助泵；2—溢流阀；3、5、6、8—单向阀；4—变量泵；7—变量马达；9—溢流阀

图 6-11　变量泵－变量马达式容积调整回路

容积节流调速（联合调速）回路虽然效率高，发热量小，但仍存在速度负载特性“软”的问题。尤其在低速时，泄漏在总流量中所占的比例增加，问题就更突出。在低速稳定性要求高的场合（如机床进系统）且能自动补偿泵的泄漏，故速度稳定性高；但回路

有节流损失，故效率较容积调速回路要低一些。此外，回路与其他元件配合容易实现快进 - 工进 - 快退的动作循环。

1. 定压式容积节流调速速回路

回路组成如图 6-12 所示，其中图 6-12（a）为定压式容积节流调速回路，其中 1 为限压式变量叶片泵，6 为背压阀。调速阀 2 亦可放在回油路上，但对单杆缸，为获得更低的稳定速度，应放在进油路上。空载时，泵以最大流量进入液压缸使其快进。进入工进时，电磁阀 3 应通电使其所在油路断开，使压力油经过调速阀流往液压缸。工进结束后，压力继电器 5 发出信号，使阀 3 和主换向阀 4 换向，调速阀再被短接，缸快退。现对工进时的联合调速原理加以说明。

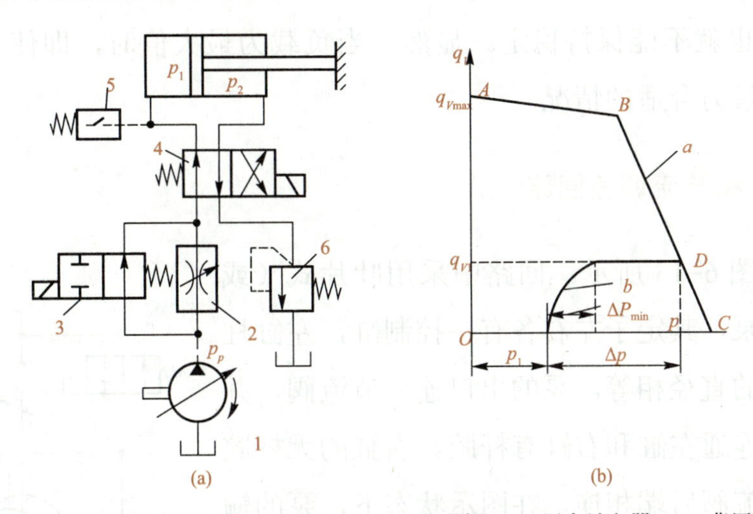

1—限压式变量叶片泵；2—调速阀；3、4—电磁阀；5—压力继电器；6—背压阀

图 6-12　定压式容积节流调速回路

（a）回路阀；（b）调速特性曲线

当回路处于工进阶段时，液压缸的运动速度由调速阀中节流阀的通流面积 A_T 来控制。变量泵的输出流量 q_{VP} 和进入缸的流量 9M 能够自相适应，即当 $q_{VP} > q_{V1}$ 时，泵的出口压力便上升，通过压力反馈作用，使泵的流量自动减小到 $q_{VP} \approx q_{V1}$；反之，当 $q_{VP} < q_{V1}$ 时，泵出口压力下降，又会使其流量自动增大到 $q_{VP} \approx q_{V1}$。可见调速阀在这里的作用不仅是使进入液压缸的流量保持恒定，而且还使泵的输出流量保持相应的恒定值，从而使泵和缸的流量匹配。图 6-12（b）所示出了这种回路的调速特性。图中曲线 a 是限压式变量叶片泵的流量 - 压力特性曲线，曲线 b 是回路工作中调速阀在某一开口 A_T（对应流量为 q_{V1}）下通过流量与两端压差的关系曲线，二曲线的交点 D 即为回路的工作点。调节调速阀的开口量 A_T，D 点的位置随即变换。但当 A_T 与泵的工作曲线调定后，D 点即为一固定点，泵压 p_P 和进入缸的流量 q_{V1} 即为定值，它不受负载变化的影响，

故此回路的速度负载特性很硬，速度稳定性很高。因本回路的泵压 p_P 为一定值，故称为定压式容积节流调速回路。若负载变化在较多时间轻载下工作时，缸压 P_1 因负载减小而下降为较小值，图 6-12（b）中的曲线 b 便左移，调速阀两端压降 ΔP 增大，造成较大的节流损失。再加上变量泵本身泄漏较大，特别是在低速情况下，此时泵的供油流量 $q_{VP}=q_{V1}$ 很小，而对应的压力 p_P 很大，泄漏增加，泄漏量在 q_{VP} 中的比重增大，使系统的效率严重下降。故当本回路用于低速、轻载，且轻载时间较长的场合时，其效率是很低的。本回路多用于机床进给系统。在实际使用中，需合理调整限压式变量叶片泵的特性曲线，除使定量段曲线（线段 AB）的位置能满足液压缸快进的流量需要外，还应使变量段曲线（线段 BC）的位置能保证 ΔP 值大于调速阀两端的最小压差 ΔP_{min}。否则，工进时曲线 b 将工作在非直线段，当负载变化引起曲线 b 左右移动时，D 点就不再固定不变，缸的速度也就不能保持稳定。显然，当负载为最大值时，即使 $\Delta P=\Delta P_{min}$，是泵特性曲线调整得最为合适的情况。

2. 变压式容积节流调速回路

回路组成如图 6-13 所示。回路中采用叶片式（或柱塞式）稳流量泵，其定子左右各有一控制缸，左缸柱塞与右缸活塞杆的直径相等。泵的出口连一节流阀，并由泵体内的孔道连通左缸和右缸有杆腔。右缸的无杆腔则通过管道与节流阀后端相连。在图示状态下，泵的输出流量经二通阀进入液压缸。因节流阀两端压差为零，A、B 和 C 各点等压，泵的定子在弹簧 R 的作用下，移到最左端，使其与转子间的偏心距 e 达到最大值，故泵输出最大流量，缸做快速运动。二通阀断开后，回路即转入工作进给阶段，泵的供油经节流阀进入液压缸。此时节流阀控制着进入液压缸的流量 q_{V1}，并使泵的流量 q_{VP} 自动与之相匹配。例如，一开始 $q_{VP} > q_{V1}$，泵压 P_P 即升高，控制缸向右的推力增大，便克服弹簧 R 的阻力推动定子右移，定子与转子间的偏心距 e 减小，q_{VP} 下降，直到 $q_{VP}=q_1$ 为止。如因泄漏等原因使 $q_{VP} < q_{V1}$，则定子左移使 q_{VP} 增大。此回路使用的是节流阀，但具有调速阀一样的性能，A_T 一经调定，其流量 q_{V1} 便基本稳定不变，不受负载变化的影响。

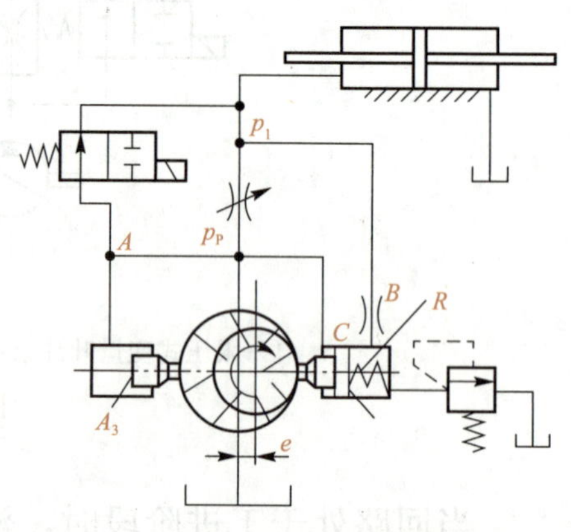

图 6-13 变压式容积节流调速回路

因为弹簧刚性小，工作中的伸缩量也很小，其力 F 基本恒定，故 A_P 近似为常数。可见，当节流阀一 经调定，回路进入缸的流量 q_n 为定值，不受负载变化的影响，且有补偿泄漏的功能，故速度负载特性极好。当负载变化时，泵压 P_p 也随负载发生相应的变化，故称变压式容积节流调速回路。此回路克服了定压式回路的缺点，效率较高。适用于负载变化大、速度较低的中小功率系统。

6.2.2　快速运动回路

快速运动回路又称增速回路，其功用在于使执行元件获得必要的高速，以提高系统的工作效率或充分利用功率。增速回路因实现增速方法的不同而有多种结构方案。下面仅介绍液压缸差动连接增速回路，如图 6–14 所示。换向阀 1 和 3 在左位工作时，单杆液压缸差动连接做快进运动。当阀 3 通电时，差动连接即被切除，液压缸回油经过调速阀 2，实现工进。阀 1 切换至右位后，缸快退。差动快进简单易行，因此得到普遍应用。但要注意此时阀和管道应按差动时的较大流量选用，否则压力损失过大，使溢流阀在快进时也开启，无法实现差动。

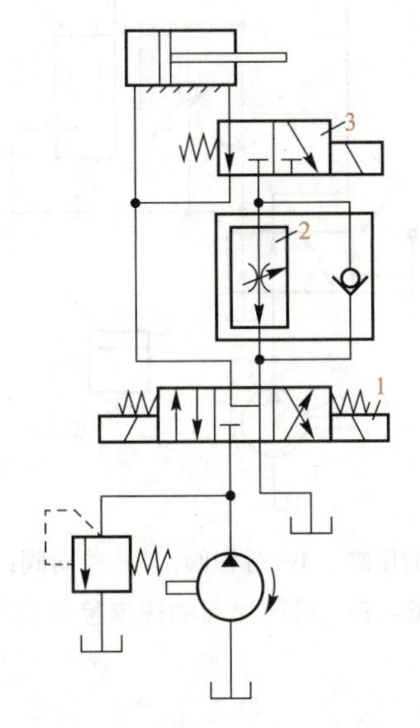

1、3—换向阀　2—调速阀

图 6–14　液压缸差动连接增速回路

快进工进回路

6.2.3　速度换接回路

速度换接回路设备的工作部件在自动循环工作过程中，需要进行速度换接。例如，机床的二次进给工作循环为快进→第一次工进→第二次工进→快退，就存在着实现快速与慢速转换、由第一种慢速转换为第二种慢速的速度换接等要求。实现这些功能的回路应该具有较高的速度换接平稳性。

1. 快速与慢速的换接回路

能够实现快速与慢速换接的方法很多，前面提到的各种增速回路都可以使液压缸的运动实现快速与慢速换接。下面再介绍一种用行程阀的快慢速换接回路。图 6-15 所示的回路在图示状态下，液压缸快进，当活塞所连接的工作部件挡块压下行程阀 4 时，行程阀关闭，液压缸右腔的油液必须通过节流阀 6 才能流回油箱，液压缸就由快进转换为慢速工进。当换向阀 2 的左位接入回路时，压力油经单向阀 5 进入液压缸右腔，活塞快速向左返回。这种回路的快慢速换接比较平稳，换接点的位置比较准确，缺点是行程阀的安装位置不能任意布置，管路连接较为复杂。若将行程阀改为电磁阀，则安装连接就比较方便了，但速度换接的平稳性和可靠性以及换接精度都不如前者。

用行程阀的速度换接回路

1—泵；2—换向阀；3—液压缸；4—行程阀；5—单向阀；6—节流阀；7—溢流阀

图 6-15 用行程阀的速度换接回路

2. 两种慢速的换接回路

图 6-16 所示为两调速阀串联的两工进速度换接回路。当阀 1 在左位工作且阀 3 断开时，根据控制阀 2 不同的工作位置，使油液经调速阀 *A* 或既经 *A* 又经 *B* 才能进入液压缸左腔，从而实现第一次工进或第二次工进。但阀 *B* 的开口需调得比 *A* 小，即二工进速度必须比一工进速度低；此外，二工进时油液经过两个调速阀，能量损失较大。

图 6-17（a）所示为两调速阀并联的两工进速度换接回路。主换向阀 1 在左位或右位工作时，缸做快进或快退运动。当主换向阀 1 在左位工作时，并使阀 2 通电，根据阀 3 不同的工作位置，进油需经调速阀 *A* 或 *B* 才能进入缸内，便可实现第一次工进和第二次工进速度的换接。两个调速阀可单独调节，两速度互无限制。但一阀工作时另一阀无

油液通过，后者的减压阀部分处于非工作状态，若该阀内无行程限位装置，此时减压阀口将完全打开，一旦换接，油液大量流过此阀，缸会出现前冲现象。若将两调速阀如图6-17（b）所示方式并联，则不会发生液压缸前冲的现象。

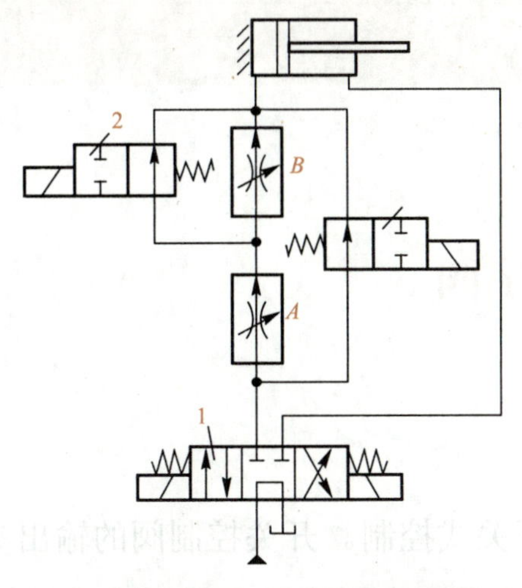

1—主换向阀；2、3—二通换向阀

图 6-16　两调速阀串联的两工进速度换接回路

调速阀串联的速度换接回路

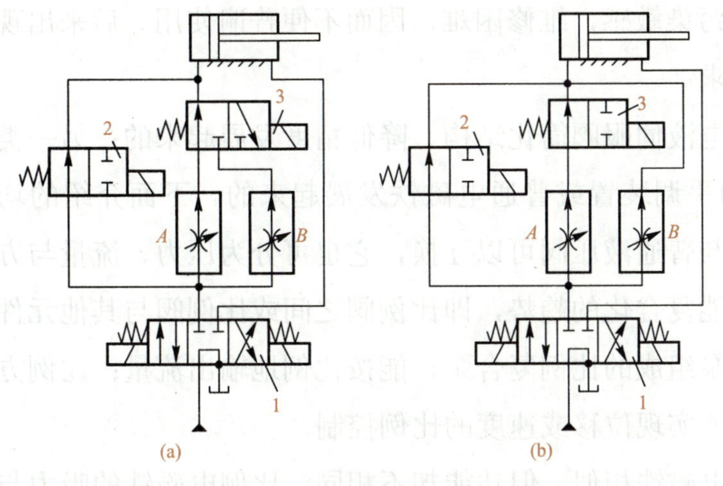

1—主换向阀；2—二通电磁阀；3—三通电磁阀

图 6-17　两调速阀并联的两工进速度换接回路

调速阀并联的速度换接回路

模块 7

液压其他控制阀和其他基本回路

大国工匠——宁允展

7.1 比例阀、插装阀和数字阀

7.1.1 比例阀

前述各种阀类的特点是手动调节和开关式控制。开关控制阀的输出参数在阀处于工作状态下是不可调节的。但随着技术的进步，许多液压系统要求流量和压力能连续地或按比例地随输入信号的变化而变化。已有的液压伺服系统虽能满足要求，而且精度很高，但系统复杂，成本高，对污染敏感，维修困难，因而不便普遍使用。后来出现的电液比例阀较好地解决了这种需求。

现在的比例阀，一类是由电液伺服阀简化结构、降低精度发展起来的；另一类是以比例电磁铁取代普通液压阀的手调装置或普通电磁铁发展起来的。下面介绍的均指后者，它是当今比例阀的主流，与普通液压阀可以互换，它也可分为压力、流量与方向控制阀三大类。近期又出现了功能复合化的趋势，即比例阀之间或比例阀与其他元件之间的复合。例如，比例阀与变量泵组成的比例复合泵，能按比例地输出流量；比例方向阀与液压缸组成的比例复合缸，能实现位移或速度的比例控制。

比例电磁铁的外形与普通电磁铁相似，但功能却不相同，比例电磁铁的吸力与通过其线圈的直流电流强度成正比。输入信号在通入比例电磁铁前，要先经电放大器处理和放大。电放大器多制成插接式装置与比例阀配套供应。

下面扼要介绍三大类比例阀的工作原理。

用比例电磁铁取代直动式溢流阀的手调装置，便是直动式比例溢流阀，如图 7–1 所示。图中，比例电磁铁 2 的推杆 3 对调压弹簧 4 施 加推力，随着输入电信号强度的变化，便可改变调压弹簧的压缩量，该阀便连续地或按比例地控制其外接油口 P 处油液的压力。把直动式比例溢流阀作先导式与普通压力阀的主阀相配合，便可组成先导式比例溢流阀、比例顺序阀和比例减压阀。

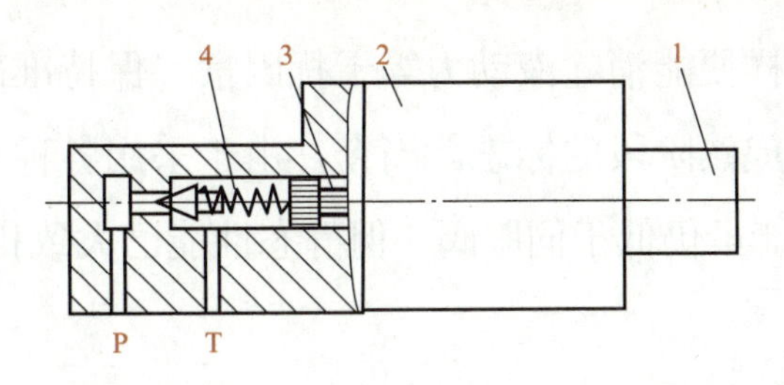

1—位移传感器；2—比例电磁铁；3—推杆；4—调压弹簧

图 7-1 直动式比例溢流阀

用比例电磁铁取代电磁换向阀中的普通电磁铁，便是成直动式比例换向阀，如图 7-2 所示。由于使用了比例电磁铁，阀芯不仅可以换位，而且换位的行程可以连续地或按比例地变化，从而连通油口间的通流面积也可以连续地或按比例地变化。所以比例换向阀不仅能控制执行元件的运动方向，而且能控制其速度。同样，在大流量的情况下，应采用先导式比例换向阀。此外，多个比例换向阀也能组成比例多路阀。

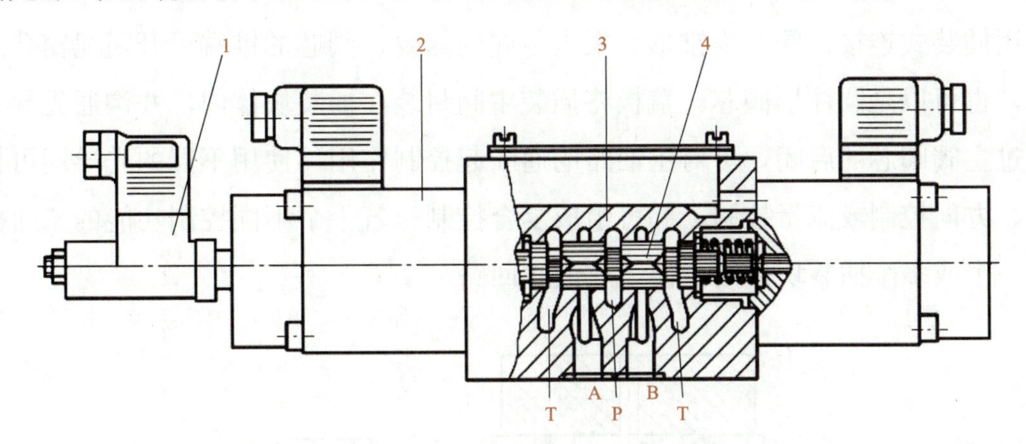

1—位移传感器；2—比例电磁铁；3—阀体；4—阀

图 7-2 直动式比例换向阀

用比例电磁铁取代节流阀或调速阀的手调装置，以输入电信号控制节流口开度，便可连续地或按比例地远程控制其输出流量。图 7-3 所示为比例调速阀的工作原理图。图中的节流阀芯 1 由比例电磁铁 3 的推杆 2 操纵，故节流口开度便由输入电信号的强度决定。由于定差减压阀已保证了节流口前后压差为定值，所以一定的输入电流就对应一定的输出流量。

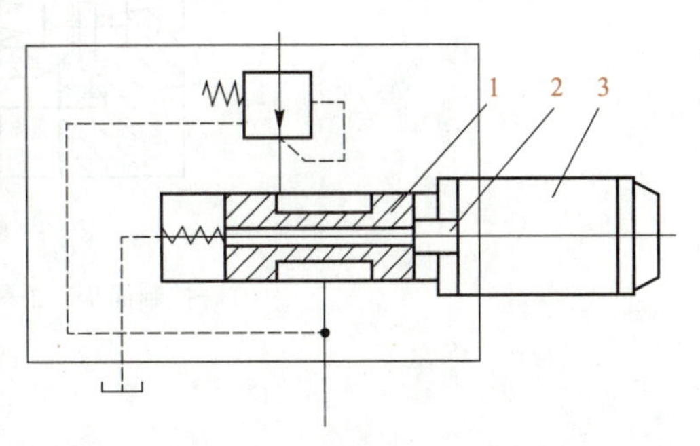

1—节流阀芯；2—推杆；3—比例电磁铁

图 7-3 比例调速阀的工作原理图

在图 7-1 和图 7-2 中，比例电磁铁的后端都附有位移传感器（或称差动变压器），这种电磁铁称为行程控制比例电磁铁。位移传感器能准确地测定比例电磁铁的行程，并向电放大器发出电反馈信号。电放大器将输入信号和反馈信号加以比较后，再向电磁铁发出纠正信号以补偿误差。这样便能消除液动力等干扰因素，保持准确的阀芯位置或节流口面积。这是比例阀技术进入成熟阶段的标志。当今，由于采用各种更加完善的反馈装置和优化设计，比例阀的动态性能虽仍低于伺服阀，但静态性能已大致相同，而价格却低廉得多。

7.1.2 二通插装阀

普通液压阀在流量小于 300 L/min 的系统中性能良好，但难以满足大流量系统的要求，特别是阀的集成更成为难题。20 世纪 70 年代，二通插装阀的出现解决了这一问题。

1. 组成、结构和工作原理

图 7–4 所示为二通插装阀的结构原理，它由控制盖板、插装主阀（由阀套、弹簧、阀芯及密封件组成）、插装块体和先导元件（置于控制盖板上，图中未画）组成。插装主阀采用插装式连接，阀芯为锥形。根据不同的需要，阀芯的锥端可开阻尼窗孔或节流三角槽，也可以是圆柱形阀芯。盖板将插装主阀封装在插装块体内，并沟通先导阀和主阀。通过主阀阀芯的启闭，可对主油路的通断起控制作用。使用不同的先导阀可构成压力控制、方向控制或流量控制，并可组成复合控制。若干个不同控制功能的二通插装阀组装在一个或多个插装块体内，便组成液压回路。

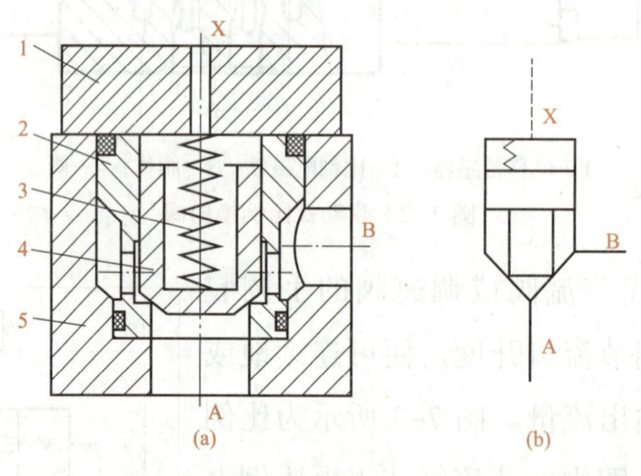

1—控制面板；2—阀套；3—弹簧；4—阀芯；5—插装块体

图 7–4 二通插装阀

（a）结构原理；（b）符号

就工作原理而言，二通插装阀相当于一个液控单向阀。A 和 B 为主油路的两个仅有的工作油口（所以称为二通阀），X 为控制油口。通过控制油口的启闭和对压力大小的控制，即可控制主阀阀芯的启闭和油口 A、B 的流向与压力。

2. 二通插装方向控制阀

图 7–5 所示为几个二通插装方向控制阀的实例。图 7–5（a）表示用作单向阀。设 A、

B 两腔压力分别为 p_A 和 p_B，当 $p_A > p_B$ 时，锥阀关闭，A 和 B 不通，$p_A < p_B$ 时且 p_B 达则一定数值（开启压力）时，便打开锥阀使油液从 B 流向 A 。若将图 7-5（a）改为 B 和 X 腔沟通，便构成油液可从 A 流向 B 的单向阀。图 7-5（b）表示用作二位二通换向间，在图示状态下，锥阀开启，A 和 B 腔连通；当二位三通电磁阀通电且 $p_A > p_B$ 时，锥阀关闭，A、B 油路切断。图 7-5（c）表示用作二位三通换向阀，在图示状态下，A 和 T 连通，A 和 P 断开；当二位四通电磁阀通电时，A 和 P 连通，A 和 T 断开。图 7-5（d）表示用作二位四通阀，在图示状态下，A 和 T、P 和 B 连通；当二位四通电磁阀通电时，A 和 P、B 和 T 连通。用多个先导阀（如上述各电磁阀）和多个主阀相配，可构成复杂位通组合的二通插装换向阀，这是普通换向阀做不到的。

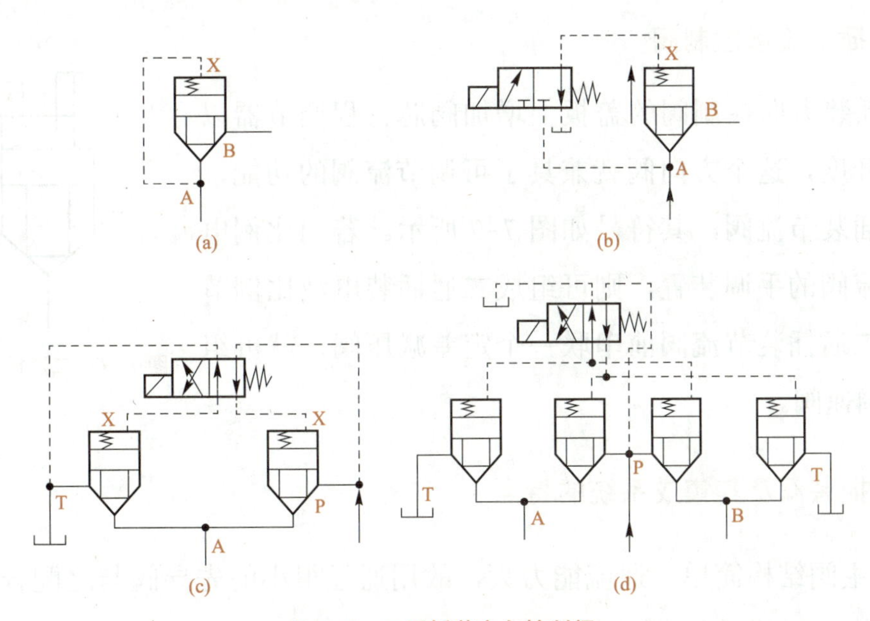

图 7-5　二通插装方向控制阀

（a）单向阀；（b）二位三通换向阀；（c）二位四通换向阀；（d）二位四通电磁阀

3. 二通插装压力控制阀

对 X 腔采用压力控制可构成各种压力控制阀，其结构原理如图 7-6 所示。用直动式溢流阀 1 作为先导阀来控制插装主阀 2，在不同的油路连接下便构成不同的压力阀。例如，图 7-6（b）表示 B 腔通油箱，可用作溢流阀。当 A 腔油压升高到先导阀调定的压力时，先导阀打开，油液流过主阀阀芯阻尼孔 R 时造成两端压差，使主阀阀芯克服弹簧阻力开启，A 腔压力油便通过打开的阀口经 B 腔溢回油箱，实现溢流稳压。当二位二通阀通电时便可作为卸荷阀使用。图 7-6（c）表示 B 腔接一有载油路，则构成顺序阀。此外，若主阀采用油口常开的圆柱阀芯，则可构成二通插装减压阀；若以比例溢流阀作先导阀，代替图中直动式溢流阀，则可构成二通插装电液比例溢流阀。

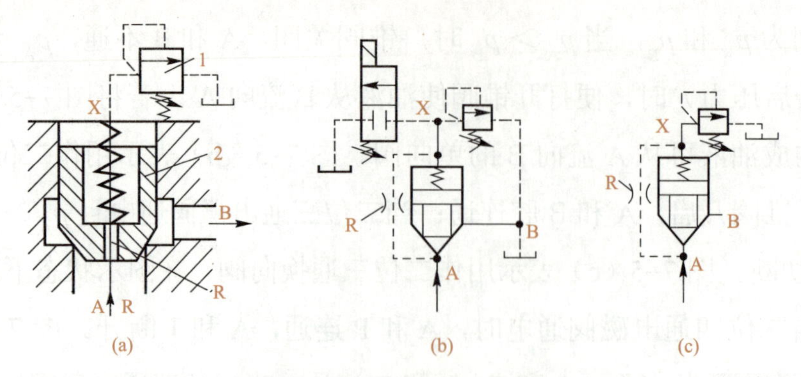

1—先导阀；2—主阀；R—阻尼阀

图 7-6 二通插装压力控制阀

（a）结构原理；（b）用作溢流阀或卸荷阀；（c）用作顺序阀

4. 二通插装流量控制阀

在二通插装方向控制阀的盖板上增加阀芯行程调节器以调节阀芯的开度，这个方向阀就兼具了可调节流阀的功能，即构成二通插装节流阀，其符号如图 7-7 所示。若用比例电磁铁取代节流阀的手调装置，则可组成二通插装电液比例节流阀。若在二通插装节流阀前串联一个定差减压阀，就可组成二通插装调速阀。

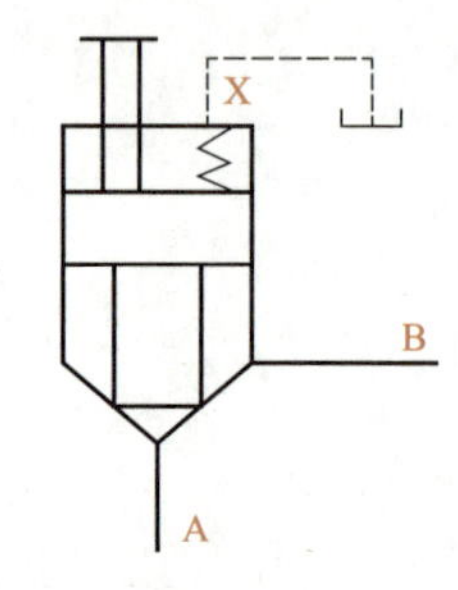

图 7-7 二通插装节流阀的符号

5. 二通插装阀及其集成系统的特点

1）插装主阀结构简单，通流能力大，故用通径很小的先导阀与之配合便可构成通径很大的各种二通插装阀，最大流量可达 10 000 L/min。

2）不同的阀有相同的插装主阀，一阀多能，便于实现标准化。

3）泄漏量小，便于无管连接，先导阀功率又小，具有明显的节能效果。二通插装阀目前广泛用于冶金、船舶、塑料机械等大流量系统中。

7.1.3 数字阀

用计算机对电液系统进行控制是液压技术发展的必然趋向。但电液比例阀或伺服阀能接受的信号是连续变化的电压或电流，而计算机的指令是“开”或“关”的数字信息，要用计算机控制必须进行“数－模”转换，结果使设备复杂，成本提高，可靠性降低。数字阀的出现解决了上述问题。

接受计算机数字控制的方法有多种，当今技术较成熟的是增量式数字阀，即用步进电动机驱动的液压阀，已有数字流量阀、数字压力阀和数字方向流量阀等系列产品。步

进电动机能接受计算机发出的经驱动电源放大的脉冲信号，每接受一个脉冲便转动一定的角度。步进电动机的转动又通过凸轮或丝杠等机构转换成直线位移量，从而推动阀芯或压缩弹簧，实现液压阀对方向、流量或压力的控制。

图 7-8 所示为增量式数字流量阀。计算机发出信号后，步进电动机 1 转动，通过滚珠丝杠 2 转化为轴向位移，带动节流阀阀芯 3 移动。该阀有两个节流口，阀芯移动时首先打开右边的非全周节流口，流量较小；继续移动则打开左边的第二个全周节流口，流量较大，可达 3 600 L/min。该阀的流量由阀芯 3、阀套 4 及阀杆 5 的相对热膨胀取得温度补偿，维持流量恒定。该阀无反馈功能，但装有零位移传感器 6，在每个控制周期终了时，阀芯都可在它的控制下回到零位。这样就保证每个工作周期都在相同的位置开始，使阀有较高的重复精度。

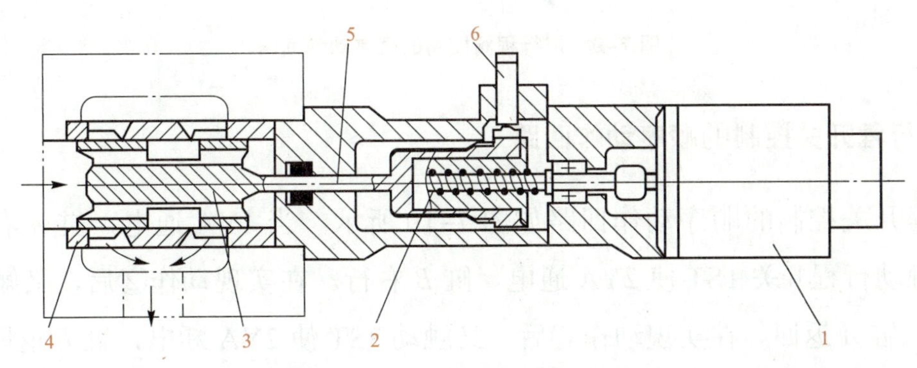

1—步进电动机；2—滚珠丝杠；3—阀芯；4—阀套；5—阀杆；6—零位移传感器

图 7-8　增量式数字流量阀

7.2　多缸工作控制回路

液压系统中，一个油源往往要驱动多个液压缸。按照系统的要求，这些缸或顺序动作，或同步动作，多缸之间要求能避免在压力和流量上的相互干扰。

7.2.1　顺序动作回路

此回路用于使各缸按预定的顺序动作，如工件应先定位、后夹紧、再加工等。按照控制方式的不同，有行程控制和压力控制两大类。

（一）行程控制的顺序动作回路

1. 用行程阀控制的顺序动作回路

用行程阀控制的顺序动作回路如图 7-9 所示，此时 A、B 两缸的活塞皆在左位。使

阀 *C* 右位工作，缸 *A* 右行，实现动作①。挡块压下行程阀 *D* 后，*B* 右行，实现动作②。手动换向阀 *C* 复位后，缸 *A* 先复位，实现动作③。随着挡块后移，阀 *D* 复位，缸 *B* 退回，实现动作④。至此，顺序动作全部完成。

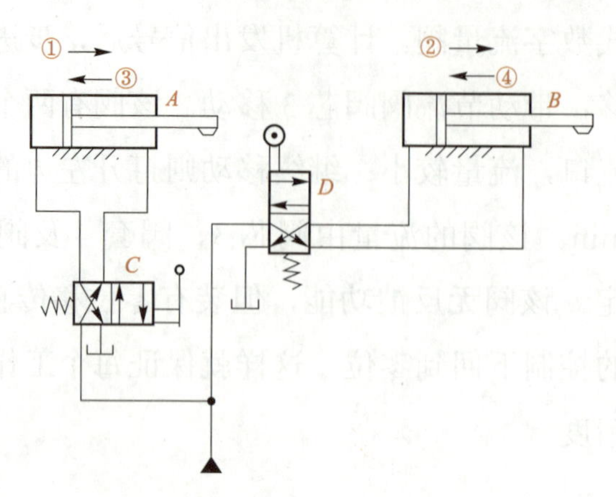

图 7-9 用行程阀控制的顺序动作回路

2. 用行程开关控制的顺序动作回路

用行程开关控制的顺序动作回路如图 7-10 所示。当 1YA 通电，缸 *A* 右行完成动作①后，触动行程开关 1ST 使 2YA 通电，缸 *B* 右行。在实现动作②后，又触动 2ST 使 1YA 断电，缸 *A* 返回。在实现动作③后，又触动 3ST 使 2YA 断电，缸 *B* 返回，实现动作④，最后触动 4ST 发出信号，表明完成一个工作循环。

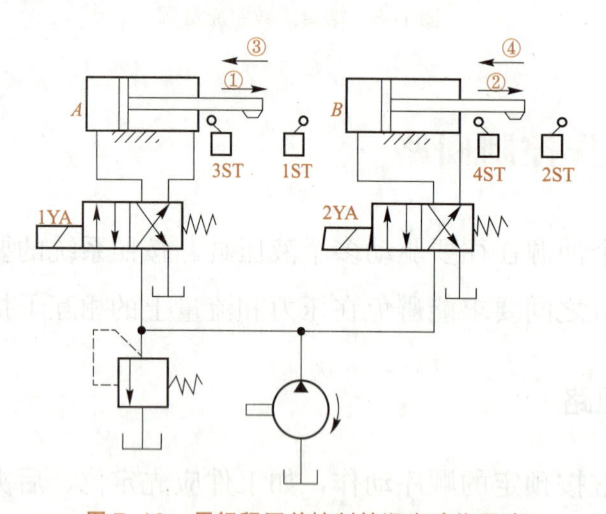

图 7-10 用行程开关控制的顺序动作回路

行程控制的顺序动作回路，换接位置准确，动作可靠，特别是行程阀控制回路换接平稳，常用于对位置精度要求较高的场合。但行程阀需布置在缸附近，改变动作顺序较困难。而行程开关控制的回路只需改变电气线路即可改变顺序，故应用较广泛。

（二）压力控制的顺序动作回路

压力控制的顺序动作回路常采用顺序阀或压力继电器进行控制。下面介绍用压力继电器控制的顺序动作回路。压力控制的顺序动作回路如图 7-11 所示。当电磁铁 1YA 通电后，压力油进入 *A* 缸的左腔，推动活塞按①方向右移。碰上固定挡块后，系统压力升高，安装在 *A* 缸进油腔附近的压力继电器发出信号，使电磁铁 2YA 通电，于是压力油又进入 *B* 缸的左腔，推动活塞按②方向右移。回路中的节流阀以及和它并联的二通电磁阀是用来改变 *B* 缸运动速度的。为了防止压力继电器乱发信号，其压力调整数值一方面应比 *A* 缸动作时的最大压力高 0.3 ～ 0.5 MPa，另一方面又要比溢流阀的调整压力低 0.3 ～ 0.5 MPa。

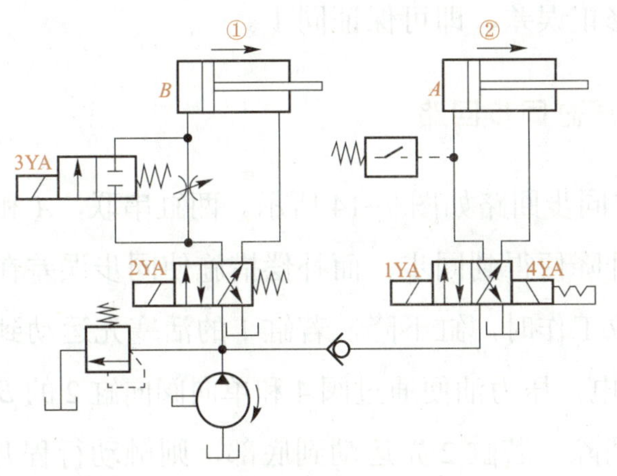

图 7-11　用压力继电器控制的顺序动作回路

7.2.2　同步回路

使两个或多个液压缸在运动中保持相对位置不变或保持速度相同的回路称为同步回路。在多缸液压系统中，影响同步精度的因素是很多的，例如，液压缸外负载、泄漏、摩擦阻力、制造精度、结构弹性变形以及油液中含气量，都会使运动不同步。同步回路要尽量克服或减少这些因素的影响。

1. 用并联调速阀控制的同步回路

用并联调速阀控制的同步回路如图 7-12 所示。用两个调速阀分别串接在两个液压缸的回油路（或进油路）上，再并联起来，用以调节两缸运动速度，即可实现同步。这也是一种常用的比较简单的同步方法，但因为两个调速阀的性能不可能完全一致，同时还受

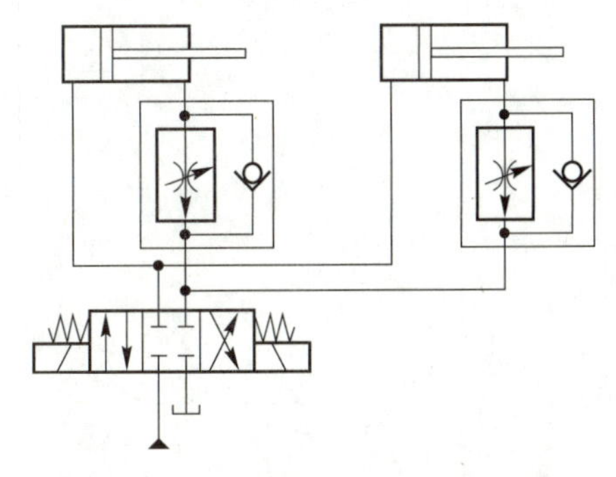

图 7-12　用并联调速阀控制的同步回路

到载荷变化和泄漏的影响，同步精度受到限制。

2. 用比例调速阀控制的同步回路

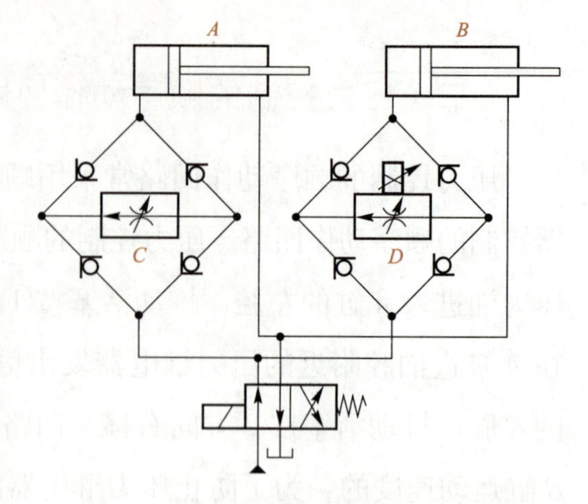

图 7-13 用比例调速阀控制的同步回路

用比例调整阀控制的同步回路如图 7-13 所示。它的同步精度较高，绝对精度达 0.5 mm，已满足一般设备的要求。回路使用一个普通调速阀 *C* 和一个比例调速阀 *D*，各装在一个由单向阀组成的桥式整流油路中，分别控制缸 *A* 和缸 *B* 的正反向运动。当两缸出现位置误差时，检测装置发出信号，调整比例调速阀的开口，修正误差，即可保证同步。

3. 用带补偿措施控制的串联液压缸同步回路

用带补偿措施控制的串联液压缸同步回路如图 7-14 所示。两缸串联，*A* 和 *B* 腔面积相等，则进、出流量相等，两缸的升降便得到同步。而补偿措施使同步误差在每一次下行运动中都可消除。例如阀 5 在右位工作时，缸下降，若缸 1 的活塞先运动到底部，它就触动电气行程开关 1ST，使阀 4 通电，压力油便通过阀 4 和单向阀向缸 2 的 *B* 腔补入，推动活塞继续运动到底，误差即被消除。若缸 2 先运动到底部，则触动行程开关 2ST，使阀 3 通电，控制压力油使液控单向阀反向通道打开，缸 1 的 *A* 腔通过液控单向阀回油，其活塞即可继续运动到底部。这种串联液压缸同步回路只适用于负载较小的液压系统。

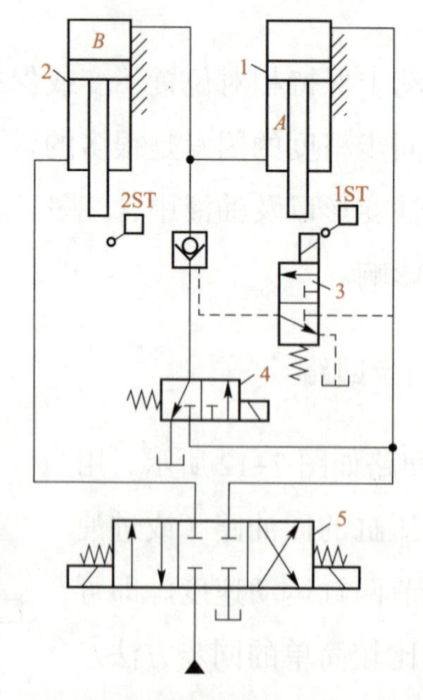

1、2—液压缸；3、4—两位三通换向阀；5—三位四通换向阀

图 7-14 用带补偿措施控制的串联液压缸同步回路

串联同步回路

7.2.3 互不干扰回路

在多缸液压系统中，往往由于一个液压缸的快速运动，占用了大量油液供给，造成整个系统的压力下降，干扰了其他液压缸的慢速工作进给运动。因此，对于工作进给稳定性要求较高的多缸液压系统，必须采用互不干扰回路。

图 7-15 所示为双泵供油多缸互不干扰回路。各缸快速进退皆由大泵 2 供油，任一缸进入工进，则改由小泵 1 供油，彼此无牵连，也就无干扰。图示状态各缸原位停止。当电磁铁 3YA、4YA 通电时，阀 7、阀 8 的左位工作，两缸都由大泵 2 供油做差动快进，小泵 1 供油在阀 5、阀 6 处被堵截。设缸 *A* 先完成快进，由行程开关使电磁铁 1YA 通电，3YA 断电，此时大泵 2 对缸 *A* 的进油路被切断，而小泵 1 的进油路打开，缸 *A* 由调速阀 3 调速做工进，缸 *B* 仍做快进，互不影响。当各缸都转为工进后，它们全由小泵供油。此后，若缸 *A* 又率先完成工进，则行程开关应使阀 5 和阀 7 的电磁铁都通电，缸 *A* 即由大泵 2 供油快退。当各电磁铁皆断电时，各缸停止运动，并被锁于所在位置上。

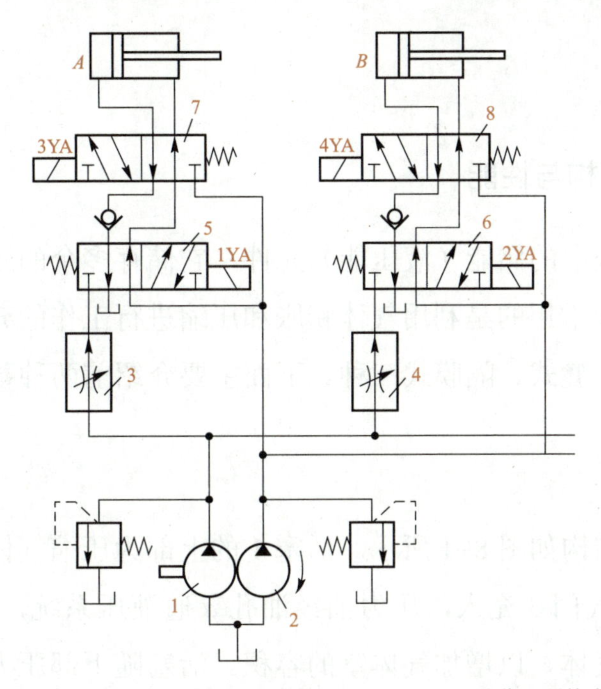

1—小泵；2—大泵；3、4—调速阀；5、6、7、8—工位五通换向阀

图 7-15 双泵供油多缸互不干扰回路

模块 8

液压辅助元件

液压辅助元件是组成液压传动系统必不可少的一部分，它包括蓄能器、过滤器、油箱、管件、密封件（模块 4 已介绍）、压力计、压力计开关、热交换器等。除油箱通常需要自行设计外，其余皆为标准件。轻视“辅助”元件是错误的，事实上，它们对系统的性能、效率、温升、噪声和寿命的影响极大。

8.1 蓄能器

8.1.1 蓄能器的结构与性能

蓄能器是液压系统中的储能（液压能）元件，它储存多余的压力油，并在需要时释放出来供给系统。目前常用的是利用气体膨胀和压缩进行工作的充气式蓄能器，根据结构它又可分为活塞式、囊式、隔膜式三种。下面主要介绍前两种蓄能器。

1. 活塞式蓄能器

活塞式蓄能器的结构如图 8-1 所示。活塞 1 的上部为压缩气体（一般为氮气），下部为压力油，气体由气门 3 充入，压力油经油孔 *a* 通液压系统，活塞上装有 O 形密封圈，活塞的凹部面向气体，以增加气体室的容积。活塞随下部压力油的储存和释放而在缸筒 2 内滑动。这种蓄能器结构简单，寿命长，但因活塞运动时有一定的惯性和密封摩擦力，反应不够灵敏，不宜用于吸收脉动和液压冲击以及低压系统。此外，活塞的密封问题不能完全解决，密封件磨损后，会使气液混合，影响系统的工作稳定性。

2. 囊式蓄能器

囊式蓄能器结构如图 8-2 所示。气囊 3 用耐油橡胶制成，固定在耐高压的均质无缝壳体 2 的上部。囊内通过充气阀 1 充进一定压力的惰性气体（一般为氮气）。壳体下端的提升阀 4 是一个受弹簧作用的菌形阀，压力油从此通入。当气囊充分膨胀，即油液全部排出时，迫使提升阀关闭，防止气囊被挤出油口。该结构能使油气完全隔离，气液密封可靠，气囊惯性小，反应灵敏，但工艺性较差。

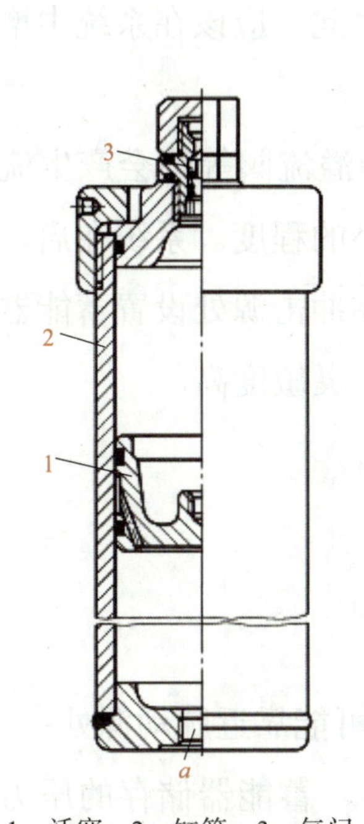

1—活塞；2—缸筒；3—气门

图 8-1　活塞式蓄能器

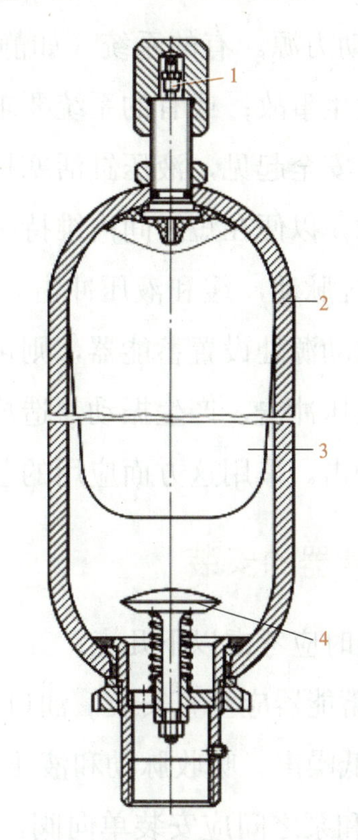

1—充气阀；2—均质无缝壳体；3—气囊；4—提升阀

图 8-2　囊式蓄能器

8.1.2　蓄能器的功用

蓄能器的功用主要有以下几点。

1）作辅助动力源。总的工作时间较短的间歇工作系统或在一个工作循环内速度差别很大的系统，若使用蓄能器作辅助动力源可降低泵的功率，提高效率，降低温升，节省能源。蓄能器运用举例如图 8-3 所示，为一液压机的液压系统。当液压缸带动模具接触工件慢进和保压时，泵的部分流量进入蓄能器 1 被储存起来，达到设定压力后，卸荷阀 2 打开，泵卸荷。此时，单向阀 3 使压力油路密封保压。当液压缸快进、快退时，蓄能器与泵一起向缸供油，使液压缸得到快速运动。故在系统设计时，只需按平均流量选用泵，便可使泵的选用和功率利用比较

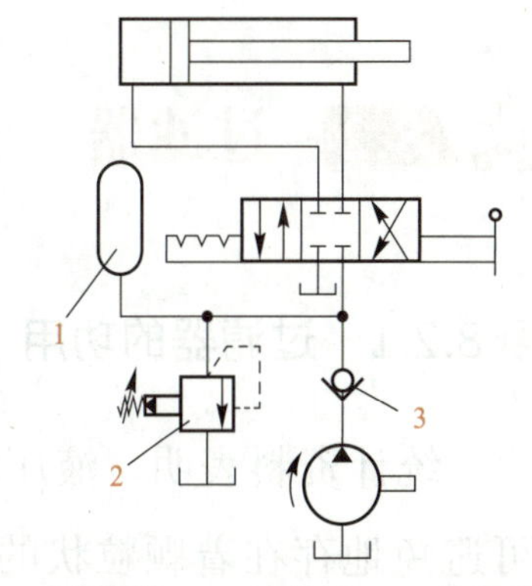

1—蓄能器；2—卸荷阀；3—单向阀

图 8-3　蓄能器应用举例

合理。

2）保压补漏。若液压缸需要在相当长的一段时间内保压而无动作，例如图 8-3 所示液压机系统处于压制工件阶段（或机床液压夹具夹紧工件阶段），这时可令泵卸荷，用蓄能器保压并补充系统泄漏。

3）作应急动力源。有的系统（如静压轴承供油系统）当泵损坏或停电不能正常供油时，可能会发生事故；或有的系统要求在供油突然中断时，执行元件应继续完成必要的动作（如为了安全起见，液压缸活塞杆应缩回缸内）。因此，应该在系统中增设蓄能器作应急动力源，以便在短时间内维持一定压力。

4）吸收系统脉动，缓和液压冲击。齿轮泵、柱塞泵和溢流阀等均会产生流量和压力脉动，若在脉动源处设置蓄能器，则可使脉动降低到很小的程度。系统在启、停或换向时也易引起液压冲击，产生振动，造成系统的损坏，若在冲击源处设置蓄能器，可吸收和缓冲液压冲击。采用这方面应用的蓄能器要求惯性小，灵敏度高。

8.1.3 蓄能器的安装

安装蓄能器时应考虑以下几点：

1）气囊式蓄能器应垂直安装，油口向下；

2）用作降低噪声、吸收脉动和液压冲击的蓄能器应尽可能靠近脉动源处；

3）蓄能器和泵之间应安装单向阀，以免泵停止工作时，蓄能器储存的压力油倒流使泵反转；

4）必须将蓄能器牢固地固定在托架或基础上；

5）蓄能器必须安装于便于检查、维修的位置，并远离热源。

8.2 过滤器

8.2.1 过滤器的功用

统计资料表明，液压系统的故障中有 75% 以上是由于油液污染造成的。油液中不可避免地存在着颗粒状的固体杂质，它会划伤液压元件运动副的结合面，严重磨损或卡死运动件，堵塞阀口，使系统工作可靠性大为降低。在适当的部位上安装过滤器可以清除油液中的固体杂质，使油液保持清洁，延长液压元件使用寿命，保证液压系统工作的可靠性。因此，过滤器作为液压系统中必不可少的辅助元件，具有十分重要的地位。

8.2.2　过滤器的主要类型

按滤芯材料和结构形式的不同，过滤器可分为网式、线隙式、纸芯式、烧结式过滤器及磁过滤器等。

1. 网式过滤器

图 8-4 所示为网式过滤器。它的结构是在周围开有很小房多窗孔的塑料或金属筒形骨架 1 上包着一层或两层铜丝网 2。过滤精度由网孔大小和层数决定，网孔越小或层数越多，过滤精度就越高。网式过滤器结构简单，通流能力大，清洗方便，压差小（一般为 0.025 MPa），但过滤精度低。常用于液压系统的吸油管路，用来滤除混入油液中较大颗粒的杂质，保护液压泵免遭损坏。因为需要经常清洗，安装时要注意便于拆装。

2. 线隙式过滤器

图 8-5 所示为线隙式过滤器。它用铜线或铝线密绕在筒形芯架 1 的外部组成滤芯，并装在壳体 3 内（用于吸油管路上的过滤器则无壳体）。线隙式过滤器依靠铜（铝）丝间的微小间隙来滤除固体颗粒，油液经线间缝隙和芯架槽孔流入过滤器内，再从上部孔道流出。线隙式过滤器结构简单，通流能力大，过滤精度比网式过滤器高，但不易清洗，一般用于低压回路（$p < 2.5$ MPa）或辅助回路。

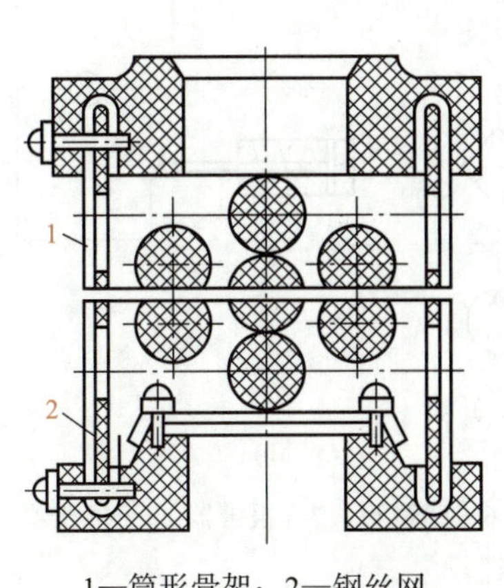

1—筒形骨架；2—钢丝网

图 8-4　网式过滤器

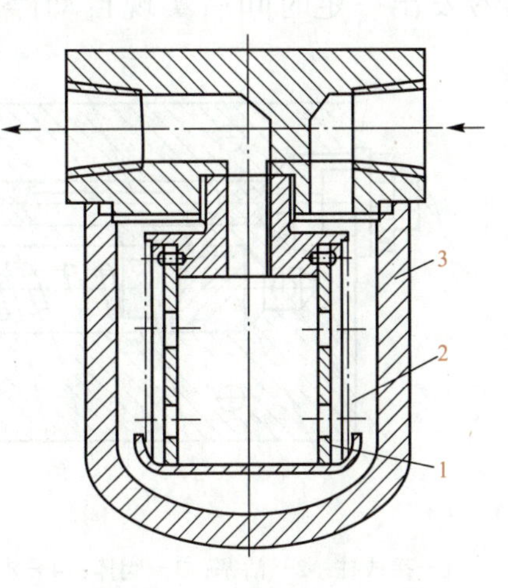

1—芯架；2—线圈；3—壳体

图 8-5　线隙式过滤器

3. 纸芯式过滤器

纸芯式过滤器又称为纸质过滤器，其结构类同于线隙式，只是滤芯为滤纸。图 8-6 所示为纸芯式过滤器的结构。油液经过滤芯时，通过滤纸的微孔滤去固体颗粒。为了增大滤芯的强度，一般滤芯由三层组成：外层为粗眼钢板网，中间层为折叠成 W 形的滤纸，里层由金属丝网与滤纸一并折叠而成。滤芯中央还装有支承弹簧。纸芯式过滤器的过滤精度高，可在高压（38 MPa）下工作，结构紧凑，重量轻，通流能力大，但易堵塞，无法清洗，滤芯需经常更换。一般用于要求过滤质量高的液压系统。纸芯式过滤器的滤芯能承受的压力差较小（0.35 MPa），为了保证过滤器能正常工作，不致因污染物逐渐聚积在滤芯上引起压差增大而压破纸芯，过滤器顶部通常装有污染显示器（图 8-6 中件 1）。

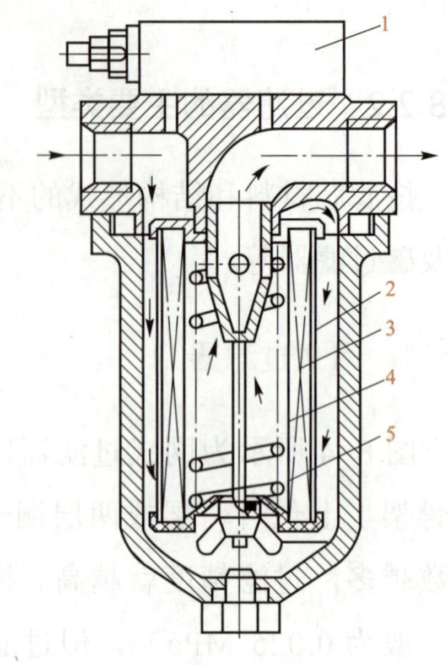

1—污染显示器；2—滤芯外层；3—滤芯中层；4—滤芯里层；5—支承弹簧

图 8-6　纸芯式过滤器

图 8-7 所示为电信号污染指示器的结构原理，污染指示器与过滤器 f 并联，滤芯上下游的压差 P_1-P_2 作用在活塞 2 上，并且与弹簧 5 的弹簧力相比较。当滤芯逐渐堵塞时，流经过滤器所产生的压差增大，当压力差超过限定值时，则液压力克服弹簧力，推动活塞 2 和永久磁铁 4 右移，感簧管 6 受磁铁作用吸合，便接通电路，报警器 7 发出堵塞信号——发亮或发声，提醒操作人员更换滤芯。若在电路上增设一延时继电器，还可在堵塞信号发出一定时间后实现自动停机保护。

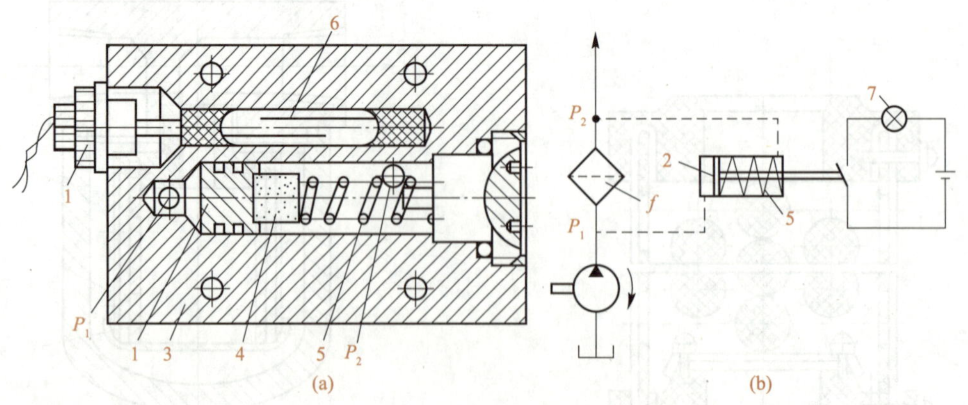

1—接线柱；2—活塞；3—阀体；4—永久磁铁；5—弹簧；6—感簧管；7—报警器；f—过滤器

图 8-7　电信号污染指示器

（a）结构图；（b）原理图

4. 烧结式过滤器

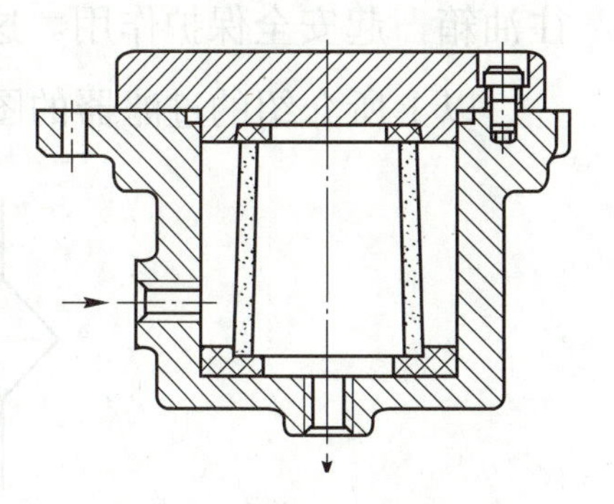

图 8-8　金属烧结式过滤器

图 8-8 所示为金属烧结式过滤器。滤芯可按需要制成不同的形状。选择不同粒度的粉末烧成不同厚度的滤芯，可以获得不同的过滤精度。油液从侧孔进入，依靠滤芯颗粒之间的微孔滤去油液中的杂质，再从中孔流出。烧结式过滤器的过滤精度高，滤芯的强度高，抗冲击性能好，能在较高温度下工作，有良好的耐蚀性，且制造简单。缺点是易堵塞、难清洗，使用中烧结颗粒可能会脱落。一般用于要求过滤质量较高的液压系统中。

5. 磁性过滤器

磁性过滤器的工作原理是利用磁铁吸附油液中的铁质微粒。但一般结构的磁性过滤器对其他污染物不起作用，所以常把它用作复式过滤器的一部分。

6. 复式过滤器

复式过滤器是上述几类过滤器的组合。例如在图 8-8 所示的滤芯中间再套入一组磁环，即成为磁性烧结式过滤器。复合式过滤器性能更为完善，一般皆设有某种结构原理的污染指示器，有的还设有安全阀。当过滤杂质逐渐将滤芯堵塞时，滤芯上下游的压差增大，若超过所调定的发信压力，污染指示器便会发出堵塞信号。如不及时清洗或更换滤芯，当压差达到所调定的安全压力时，类似于直动式溢流阀的安全阀便会打开，以保护滤芯免遭损坏。

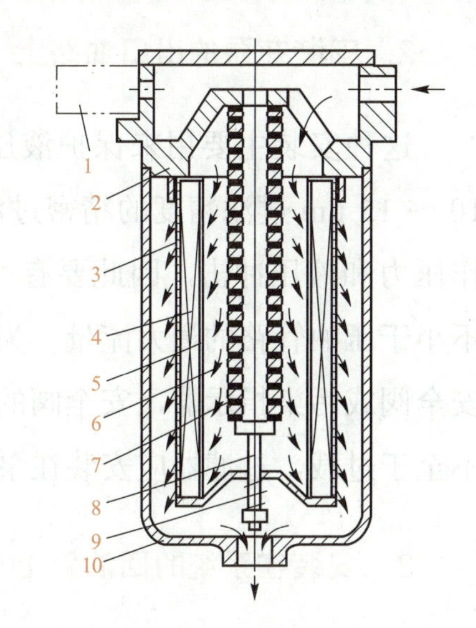

1—污染指示器；2—滤芯座；3—外筒；4—滤纸；5—内筒；6—磁环；7—尼龙隔套；8—拉杆；9—弹簧；10—壳体

图 8-9　纸质磁性过滤器

图 8-9 所示为适用于回油路上的纸质磁性过滤器。中央拉杆 8 上装有许多磁环 6 和尼龙隔套 7 组成的磁性滤芯。内、外筒 5 和 3 以及粘接于其间的 W 形滤纸 4 组成纸质滤芯。内、外筒由薄钢板卷成，板上冲有许多通油圆孔。需过滤的液压油首先经过磁性滤芯滤除铁质微粒，然后由里向外经滤纸滤除其他污染物。如果污染指示器 1 发出信号后未及时更换滤芯，过滤器滤芯上下游的压差进一步升高，于是压缩弹簧

9，滤芯下移，滤芯和滤芯座之间的通路打开，油液即经此通路及壳体 10 的下端油口流往油箱，起安全保护作用。这种过滤器用于要求对铁质微粒去除干净的液压传动系统。

以上所介绍的过滤器的图形符号如图 8-10 所示。

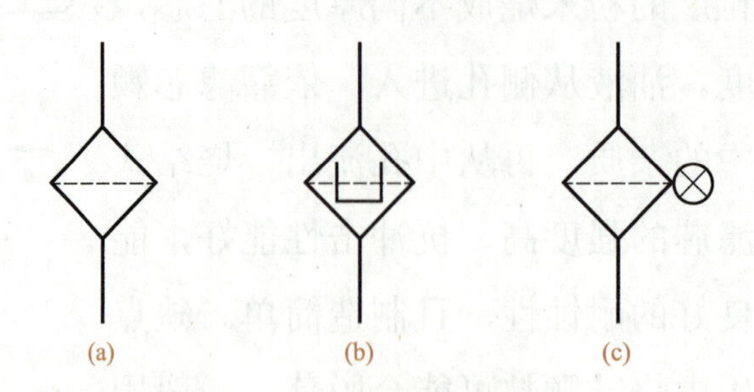

图 8-10 过滤器的图形符号

（a）过滤器（一般符号）；（b）磁性过滤器；（c）污染指示过滤器

8.2.3 过滤器的安装位置

过滤器的安装位置主要有如下几种。

1. 安装在泵的吸油口路上

这种安装主要用来保护泵不致吸入较大颗粒的杂质。视泵的要求可用粗的或普通精度的过滤器。为了不影响泵的吸油性能，防止发生气穴现象，过滤器的过滤能力应为泵流量的两倍以上，压力损失不得超过 0.02 MPa。

2. 安装在泵的出口油路上

这种安装主要用来保护液压系统中除液压泵和溢流阀以外的所有元件。一般采用 10 ～ 15 μm 过滤精度的精密过滤器。由于过滤器在高压下工作，它能承受油路上的工作压力和液压冲击，因此要有一定的强度，其过滤阻力应小于 0.35 MPa，过滤能力应不小于压油管路的最大流量。为了避免因滤芯堵塞而使滤芯击穿，应在过滤器旁并联一安全阀或污染指示器，安全阀的压力应略低于过滤器的最大允许压差。为了保护液压泵不至于过载，过滤器应安装在泵出口油路与溢流阀连接点之后。

3. 安装在系统的回油路上

这种安装可滤去油液流入油箱前的污染物，为泵提供清洁的油液，但不能直接防止杂质进入系统中。因回油路压力较低，可采用滤芯强度不高的精过滤器。为了防止滤芯因堵塞导致过滤器前后的压差超过允许值，常并联一单向阀作为安全阀，并可以防止因堵塞或低温启动时高黏度油液流过所引起的系统压力的升高。安全阀的开启压力应略低于滤芯允许的最大压差。过滤器的过滤能力应不小于回油管路的最大流量。

4. 安装在系统的分支油路上

当泵流量较大时，若仍采用上述各种油路过滤，过滤器可能流量规格大，体积也大。为此可在只有泵流量 20% ～ 30% 的支路上安装一小规格过滤器，对油液起滤清作用。这种过滤方法在工作时，只有系统流量的一部分通过过滤器，因而其缺点是不能完全保证液压元件的安全。

5. 安装在系统外的过滤回路上

大型液压系统可专设一液压泵和过滤器来滤除油液中的杂质，以保护主系统，滤油车即是这种单独过滤系统。研究表明：在压力和流量波动下，一般过滤器的功能会大幅度降低。显然，前述安装都有此影响，而系统外的单独过滤回路却没有，故过滤效果较好。

安装过滤器时应当注意，一般过滤器都只能单向使用，即进、出油口不可反接，以利于滤芯清洗和安全。因此，过滤器不要安装在液流方向可能变换的油路上。必要时可增设单向阀和过滤器，以保证双向过滤。作为过滤器的新进展，目前双向过滤器也已问世。

8.2.4 压力计和压力计开关

压力是液压系统中重要的参数之一。压力计可观测液压系统中各工作点的压力，以便控制和调整系统压力。因此，压力参数的测量极为重要。

1. 压力计

压力计的品种规格甚多，液压系统中最常用的压力计是弹簧弯管式压力计（常称压力表），其结构原理如图 8-11 所示。弹簧弯管 1 是一根弯成 C 字形、其横截面呈扁圆形的空心金属管，它的封闭端通过传动机构与指针 2 相连，另一端与进油管接头相连。测量压力时，压力油进入弹簧管的内腔，使管内胀大产生弹性变形，导致它的封闭端向外扩张偏移，拉动杠杆 4，使扇形齿轮 5 摆动，与其啮合的小齿轮 6 便带动指针偏转，即可从刻度盘 3 上读出压力值。压力计的精度等级以其误差占量程的百分数表示。

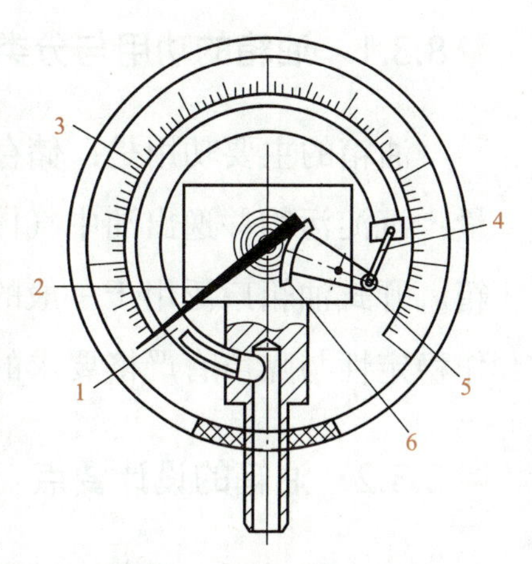

1—弹簧弯管；2—指针；3—刻度盘；
4—杠杆；5—扇形齿轮；6—小齿轮

图 8-11 弹簧弯管式压力计

2. 压力计开关

压力计开关是用于切断或接通压力计和油路的通道。压力计开关的通道很小，有阻尼作用，测压时可减轻压力计的急剧跳动，防止压力计损坏。在无须测压时，用它切断油路，也保护了压力计。压力计开关按其所能测量的测点数目分为一点和多点等若干种。多点压力计开关，可使一个压力计分别和几个被测油路相接通，以测量几部分油路的压力。

图 8-12 所示为板式连接的压力计开关结构原理图。图示位置是非测量位置，此时压力计与油箱接通。若将手柄推进去，使阀芯的沟槽 s 将测量点与压力计接通，并将压力计连接油箱的通道隔断，便可测出一个点的压力。若将手柄转到另一位置，便可测出另一点的压力。

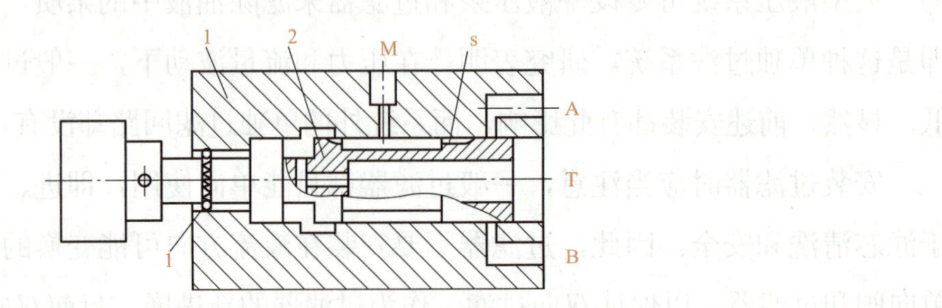

1—阀体；2—阀芯；3—定位钢球；M—压力计接口；s—沟槽

图 8-12 板式连接的压力计开关

8.3 油箱

8.3.1 油箱的功用与分类

油箱的主要功用是：储存液压系统工作所需的足够油液；散发系统工作中产生的热量；沉淀污物并逸出油中气体。按油箱液面是否与大气相通，可分为开式油箱和闭式油箱。开式油箱广泛用于一般的液压系统，闭式油箱则用于水下和高空无稳定气压或对工作稳定性与噪声有严格要求的液压系统。本节仅介绍开式油箱。

8.3.2 油箱的设计要点

初步设计时，油箱的有效容积（液面高度占油箱高度 80% 时的油箱容积）可按下述经验公式确定，即

$$V=mq_p \tag{8-1}$$

式中 V——油箱的有效容积，单位为 L；

q_p——液压泵的流量，单位为 L/min；

m——系数，单位为 min。m 值的选取：低压系统为 2 ～ 4min，中压系统为 5 ～ 7min，中高压或高压大功率系统为 6 ～ 12 min。

对功率较大且连续工作的液压系统，必要时还应进行热平衡计算，以最后确定油箱容积。

下面结合图 8-13（a）所示油箱结构示意图，分述设计要点如下。

1）基本结构。为了在相同的容量下得到最大的散热面积，油箱外形以立方体或长六面体为宜。如油箱的顶盖上要安放泵和电动机（也有的置于箱旁或箱下）以及阀的集成装置等，这基本决定了箱盖的尺寸；最高油面只允许达到箱高的 80%。据此两点可决定油箱的三向尺寸。当油箱容量较小时，可采用 2.5 ～ 4 mm 的钢板直接焊接而成；当油箱容量大且较高时，一般采用角钢焊成骨架后再焊上钢板。为使油箱能够承受安装其上的物体重量、机器运转时的转矩及冲击等，油箱应有足够的刚度，顶盖要适当加厚并用螺钉通过焊在箱体上的角钢加以固定。顶盖可以是整体式的，也可分为几块。泵、电动机和阀的集成装置可直接固定在顶盖上，也可固定在图示安装板 5 上。安装板与顶盖之间应设置减振装置，如垫上橡胶板以缓和振动。油箱底脚高度应在 150 mm 以上，以便散热、搬移和放油。油箱四周有吊耳，以便起吊装运。

2）吸、回、泄油管的设置。泵的吸油管 3 与系统回油管 1 应尽量远离，为了防止吸油时吸入空气和回油时油液冲入油箱搅动液面，管口都应插入到油箱最低油面以下，但离箱底的距离要大于管径的 2 ～ 3 倍。回油管管口应截成 45° 斜角，以增大通流面积，并面向与回油管相距最近的箱壁以利于散热和沉淀杂质。为防止箱底的沉淀物吸入液压泵，吸油管端部应装有足够过滤能力的过滤器 8，过滤器离箱壁至少要有 3 倍管径的距离，距箱底不应小于 20 mm，以便四面进油。在系统泄油管 2 单独接入油箱的情况下，其中阀的泄油管口应在液面之上，以免产生背压；液压马达和泵的泄油管则应引入液面之下，以免吸入空气。为防止油箱表面泄漏油流入地面，必要时在油箱下面或顶盖四周设置盛油盘。

3）隔板的设置。设置隔板 6 的目的是将油箱内吸油区与回油区分开，以增大油液循环的路程，减缓油液循环的速度，便于分离回油带来的空气和污物，提高散热效果。一般设置一个隔板，高度最好为箱内液面高度的 3/4。但现在有一种看法，认为隔板如按图 8-13（b）所示设置，三块隔板垂直焊在箱底上，可以获得最长的流程。

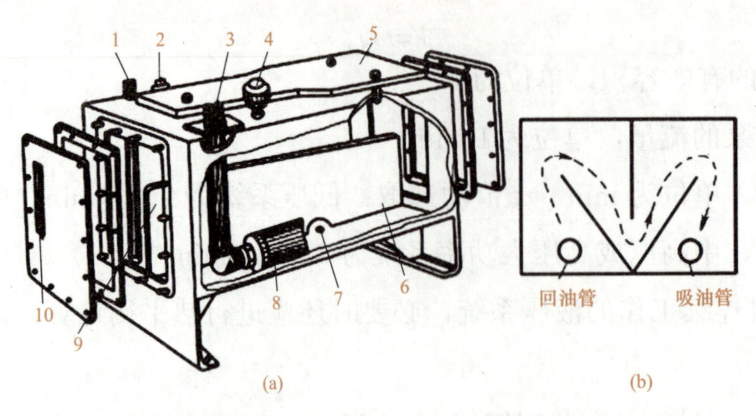

1—回油管；2—泄油管；3—暖油管；4—空气过滤器；5—安装板；
6—隔板；7—放油口；8—过滤器；9—清洗窗；10—液位计

图 8-13 油箱结构示意

(a) 结构示意图；(b) 三隔板示意图

4）加油口与空气过滤器的设置。加油口一般设置在油箱顶部容易接近处，加油口应带有滤网，平时加盖封闭。空气过滤器 4 的作用是使油箱始终与大气相通，保证泵的自吸能力，滤除空气中的灰尘杂物。目前生产的空气过滤器同时兼有加油和通气的作用，是标准件，可按需选用。

5）液位计的设置。液位计 10 用于监测油面高度，故其窗口尺寸应能满足对最高与最低液位的观察，并应安装在易于观察的地方。液位计也是标准件，可按需选用。

6）放油口与清洗窗的设置。图中油箱底面做成双斜面，也可做成向回油侧倾斜的单斜面，在最低处设放油口 7，平时用螺塞或放油阀堵住，换油时将其打开放走污油。换油时为便于清洗油箱，大容量的油箱一般均在侧壁设清洗窗 9，其位置安排应便于吸油过滤器 8 的装拆。清洗窗口平时用侧板密封，清洗时再取下。

7）防污密封。油箱盖板和窗口连接处均需加密封垫，各进、出油管通过的孔均需装密封圈，以防止外部污染物的入侵。

8）油温控制。油箱正常工作温度应在 15 ℃～65 ℃，必要时应设温度计和热交换器。

9）油箱内壁加工。新油箱经喷丸、酸洗和表面清洗后，四壁可涂一层与工作液相容的塑料薄膜或耐油清漆。

8.4 管件

管件包括管道和管接头。液压系统用管道来传送工作液体，用管接头把油管与油管或元件连接起来。管件的选用原则是：要保证管中油液做层流流动，管路尽量短以减小压力损失；要根据工作压力、安装位置来确定管材与连接结构，以保证管道和管接头有足够的强度，良好的密封性，与泵、阀等连接的管件应由其接口尺寸决定管径；装拆方便。

8.4.1　管道

1. 管道的种类、特点和适用场合

按照材料分类：硬管总成和软管总成；按照应用分类：吸油管、回油管、压力管路；对于树脂管，一般作为先导管来用。

2. 安装要求

1）管道应尽量短，横平竖直，转弯少。为避免管道皱折，以减少压力损失，硬管装配时的弯曲半径要足够大。管道悬伸较长时要适当设置管夹（标准件）。

2）管道尽量避免交叉。平行或交叉的油管间应有适当的间隔，以防干扰、振动并便于安装管接头。

3）软管直线安装时要有 3% ～ 4% 的余量，以适应油温变化、受拉和振动的需要。弯曲半径要大于 9 倍软管外径，弯曲处到管接头的距离至少是外径的 6 倍。软管不能靠近热源。

（二）管接头

管接头的形式和质量，直接影响系统的安装质量、油路阻力和连接强度，其密封性能是影响系统外泄漏的重要原因。所以管接头的重要性不能忽视。管接头与其他元件之间可采用普通细牙螺纹连接（与 O 形橡胶密封圈等合用可用于高压系统）或锥螺纹连接（多用于中低压），如图 8–14 所示。

1. 硬管接头

按管接头和管道的连接形式分，有扩口式管接头、卡套式管接头和焊接式管接头三种。图 8–14（a）所示为扩口式管接头。装配时先将管 6 扩成喇叭口，角度为 74°，再用螺母 2 将管套 3 连同密封圈 8 起压紧在接头体 1 的锥面上形成密封。管套 3 的作用是拧紧螺母时使管子不跟着转动。这种接头结构简单，连接强度可靠，装配维护方便，适用于铜管、薄钢管、尼龙管和塑料管等低压薄壁管道的连接。图 8–14

（b）所示为卡套式管接头。卡套4是带有尖锐内刃的金属环，拧紧螺母2时，卡套与接头体1内锥面接触形成密封，刃口嵌入管6的表面形成密封。这种接头结构性能良好，装拆方便，广泛用于高压系统。但管道径向尺寸和卡套尺寸精度要求高，需采用冷拔无缝钢管。图8-14（c）、图8-14（d）所示为焊接式管接头。管接头的接管5与管6焊接在一起，用螺母2将接管5和接头体1连接在一起。接管与接头体之间的密封方式有球面与锥面接触密封或加O形密封圈端面密封两种。前者有自位性，安装时不很严格，但密封可靠性较差，适用于工作压力在8 MPa以下的系统；而后者工作压力可达32 MPa。这种接头结构简单，易于制造，对管道尺寸精度要求不高，但要求焊接质量高。

图8-14所示皆为直通硬管接头。此外尚有二通、三通、四通、铰接等形式，供不同情况管道连接选用，具体可查阅有关手册。

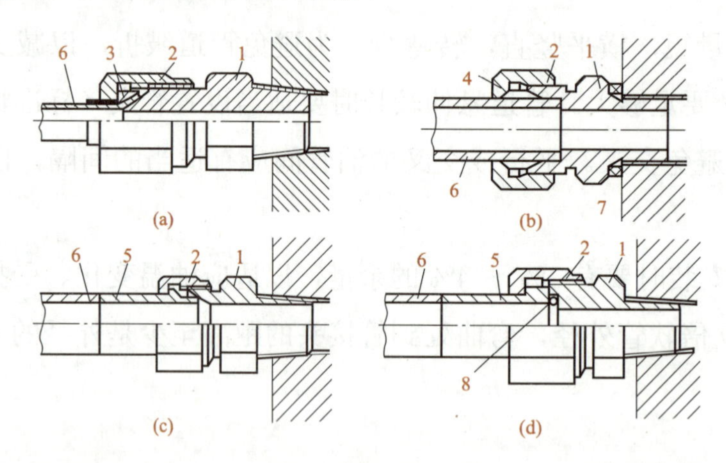

1—接头体；2—接头螺母；3—管套；4—卡套；5—接管；6—管子；7—组合密封垫圈；8—O形密封圈

图8-14 直通硬管接头

（a）扩口式管接头；（b）卡套式管接头；（c）、（d）焊接式管接头

2. 胶管接头

胶管接头有可拆式和扣压式两种，各有A、B、C三种形式。随管径不同可用于工作压力在6～40 MPa的系统中。图8-15所示为扣压式胶管接头，由接头外套1和接头芯2组成。装配时须剥离胶管3的外胶层，然后在专门设备上扣压而成。这种接头结构紧凑，外径尺寸小，密封可靠。

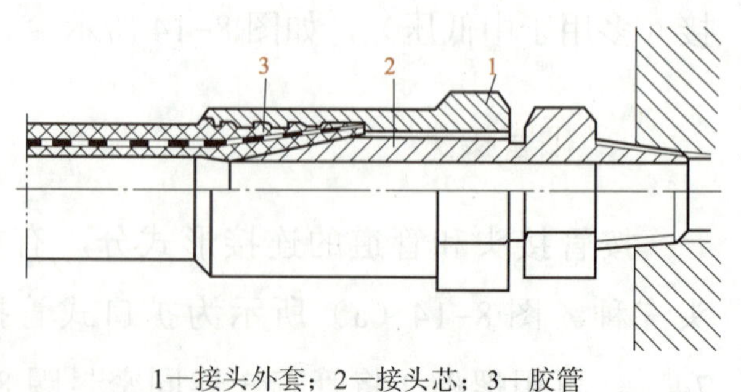

1—接头外套；2—接头芯；3—胶管

图8-15 扣压式胶管接头

模块 9

液压系统分析与维护

9.1 机械手液压传动系统分析

9.1.1 概述

机械手是模仿人的手部动作，按给定程序、轨迹和要求，实现自动抓取、搬运和操作的机械装置，它属于典型的机电一体化产品。在高温、高压、危险、易燃易爆、放射性等恶劣环境下，以及笨重、单调、频繁的操作中，它代替了人工操作，因而具有十分重要的意义。机械手广泛应用于机械加工、轻工业、交通运输、国防工业等领域，其驱动系统一般可采用液压、气动、机械或电－液－机联合等方式控制。本任务要求能对 JS–1 型机械手的液压系统进行全面分析；能正确选择液压元件并组装完整的液压系统，进行调试和维护；学会正确分析和研究液压传动系统中的常见故障，掌握动手排除常见故障的能力。

9.1.2 工作原理

JS–1 型机械手液压系统的工作原理如图 9–1 所示，其电磁铁在电气控制系统的控制下，按一定的程序通、断电，从而控制 5 个液压缸按一定程序动作。各电磁铁的动作顺序见表 9–1。手臂回转运动由安装在底部的齿条液压缸 20 驱动，手臂上下运动由液压缸 27 驱动，手臂伸缩运动由液压缸 28 实现，手腕回转运动由齿条液压缸 19 带动，手指松夹工件运动由液压缸 18 实现。

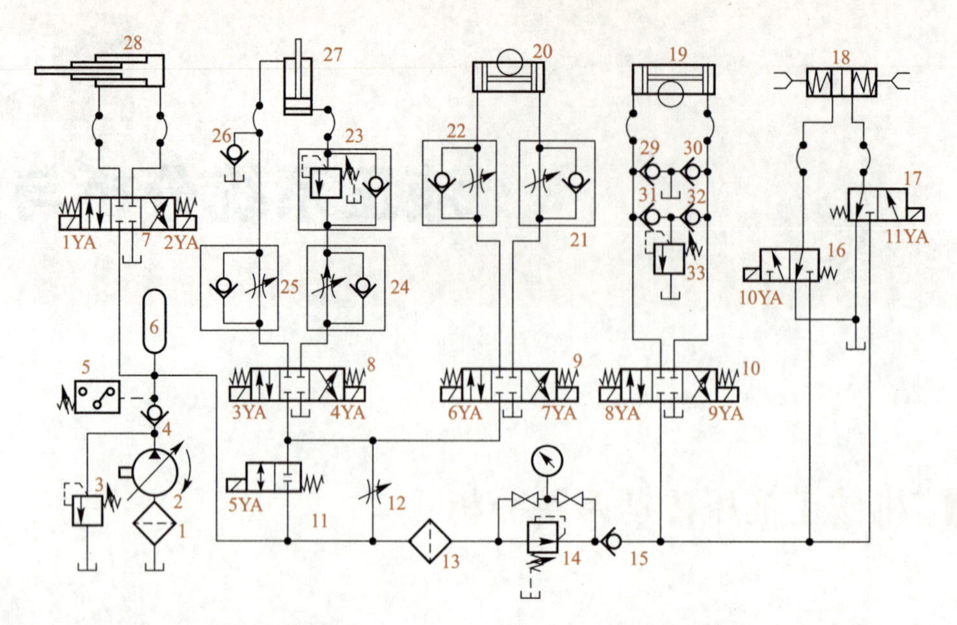

1—过滤器；2—液压泵；3、33—溢流阀；4、15、26、29、30、31、32—单向阀；5—压力继电器；6—蓄能器；7、8、9、10、11、16、17—换向阀；12—节流阀；13—精过滤器；14—减压阀；18、27、28—液压缸；19、20—齿条液压缸；21、22、24、25—单向节流阀；23—单向顺序阀

图 9-1　JS-1 型机械手液压系统

表 9-1　电磁铁动作顺序表

机械手动作	电磁铁										
	1YA	2YA	3YA	4YA	5YA	6YA	7YA	8YA	9YA	10YA	11YA
手臂顺转					±	−	+				
手臂逆转					±	+	−				
手臂上升			−	+	±						
手臂下降			+	−	±						
手臂伸出	−	+									
手臂缩回	+	−									
手腕顺转								+	−		
手腕逆转								−	+		
手指夹紧										−	−
手指松开										+	+

1. 手臂回转

电磁铁 5YA 通电时，换向阀 11 左位工作，手臂在齿条液压缸 20 的驱动下可快速回转，由电磁铁 6YA 和 7YA 的通、断电可控制手臂的回转方向。

1）若 7YA 通电、6YA 断电，换向阀 9 右位接入系统，手臂顺时针快速转动。其进、回油路线如下。进油路：过滤器 1 → 液压泵 2 → 单向阀 4 → 换向阀 11（右）→ 换向阀 9 → 单向节流阀 21 的单向阀→齿条液压缸 20 的右腔。回油路：液压缸 20 的左腔→单向节流阀 22 的节流阀→换向阀 9 → 油箱。

2）若 7YA 通电，5YA、6YA 断电，换向阀 9、11 右位接入系统，手臂顺时针慢速转动。其进、回油路线如下。进油路：过滤器 1 → 液压泵 2 → 单向阀 4 → 节流阀 12 → 换向阀 9 → 单向节流阀 21 的单向阀→液压缸 20 的右腔。回油路：液压缸 20 的左腔→单向节流阀 22 的节流阀→换向阀 9 → 油箱。

3）若 5YA、6YA 通电，7YA 断电，手臂实现逆时针快速转动。

4）若 5YA、7YA 断电，6YA 通电，手臂实现逆时针慢速转动。

2. 手臂上下运动

电磁铁 5YA 通电时，换向阀 11 左位接入系统，手臂在液压缸 27 的驱动下可快速上下运动，由电磁铁 3YA、4YA 的通、断电可控制手臂上下运动的方向。

1）若电磁铁 5YA、3YA 通电，4YA 断电，手臂可实现快速向下运动。其进、回油路线如下。进油路：过滤器 1 → 液压泵 2 → 单向阀 4 → 换向阀 11 → 换向阀 8 → 单向节流阀 25 的单向阀→液压缸 27 的上腔。回油路：液压缸 27 的下腔→单向顺序阀 23 的顺序阀→单向节流阀 24 的节流阀→换向阀 8 → 油箱。

2）若电磁铁 5YA、4YA 通电，3YA 断电，手臂可实现快速向上运动。

3）若电磁铁 5YA、4YA 断电，3YA 通电，手臂可实现慢速向下运动。其进、回油路线如下。进油路：过滤器 1 → 液压泵 2 → 单向阀 4 → 节流阀 12 → 换向阀 8 → 单向节流阀 25 的单向阀→液压缸 27 的上腔。回油路：液压缸 27 的下腔→单向顺序阀 23 的顺序阀→单向节流阀 24 的节流阀→换向阀 8 → 油箱。

4）若电磁铁 5YA、3YA 断电，4YA 断电，手臂可实现慢速向上运动。手臂快速运动速度由单向节流阀 24 和 25 调节，慢速运动速度由节流阀 12 调节；单向顺序阀 23 使液压缸下腔保持一定的背压，以便与重力负载相平衡，避免手臂在下行中因自重而超速下滑；单向阀 26 在手臂快速向下运动时，起到补充油液的作用。

3. 手臂伸缩

1）伸出：若电磁铁 2YA 通电、1YA 断电，换向阀 7 右位接入系统，手臂在液压缸 28 的驱动下可快速伸出。其进、回油路线如下。进油路：过滤器 1 → 液压泵 2 → 单向阀 4 →换向阀 7 —液压缸 28 的右腔。回油路：液压缸 28 的左腔→换向阀 7 →油箱。

2）缩回：若电磁铁 1YA 通电、2YA 断电，换向阀 7 左位接入系统，手臂在液压缸 28 的驱动下可快速缩回。

4. 手腕回转

1）若电磁铁 8YA 通电、9YA 断电，换向阀 10 左位接入系统，手腕在齿条液压缸 19 的驱动下可顺时针快速回转。其进、回油路线如下。进油路：过滤器 1 →液压泵 2 →单向阀 4 →精过滤器 13 →减压阀 14 →单向阀 15 →换向阀 10 →齿条液压缸 19 的左腔。回油路：齿条液压缸 19 的右腔→换向阀 10 →油箱。

2）若电磁铁 9YA 通电、8YA 断电，换向阀 10 右位接入系统，手腕在齿条液压缸 19 的驱动下可逆时针快速回转。单向阀 29 和 30 在手腕快速回转时，可起到补充油液的作用；溢流阀 33 对手腕回转油路起安全保护作用。

5. 手指夹紧与松开

电磁铁 10YA 和 11YA 断电时，手指在弹簧力的作用下处于夹紧工作状态。

1）若 10YA 通电，换向阀 16 左位接入系统，左手指松开。其进、回油路线如下。进油路：过滤器 1 →液压泵 2 →单向阀 4 →精过滤器 13 →减压阀 14 →单向阀 15 →换向阀 16 →液压缸 18 的左腔。回油路：液压缸 18 的右腔→换向阀 17 →油箱。

2）电磁铁 11YA 通电时，换向阀 17 右位接入系统，右手指松开。

9.2 液压系统故障诊断的方法及步骤

9.2.1 四觉诊断法

液压传动系统的故障是各种各样的，产生的原因也是多种多样的。当系统产生故障的时候，应根据“四觉诊断法”，分析故障产生的部位和原因，从而决定排除故障的措施。

“四觉诊断法”即指检修人员运用触觉、视觉、听觉和嗅觉来分析判断液压传动系统的故障。

触觉：即检修人员根据触觉来判断元件及其管道中油温的高低和振动的位置。

视觉：观察运动是否平稳，系统中是否存在泄漏和油液变色的现象。

听觉：根据液压泵和液压马达的异常响声、溢流阀的尖叫声及油管的振动等来判断噪声和振动的大小。

嗅觉：通过嗅觉判断油液变质和液压泵发热烧结等故障。

9.2.2　故障分析步骤

1. 故障诊断步骤

故障诊断步骤如图 9-2 所示。

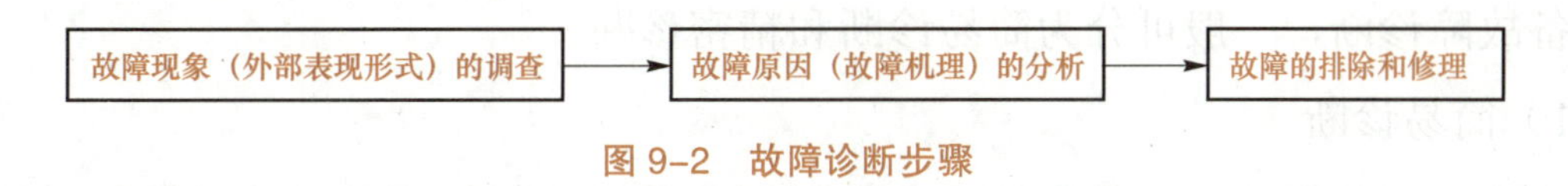

图 9-2　故障诊断步骤

（1）熟悉性能和资料

首先认真查阅设备使用说明书及设备使用有关的档案资料，了解以下内容。

1）设备的结构、工作原理及其技术性能、特点等。

2）液压系统中所采用的各种元件的结构、工作原理、性能。

3）液压系统在设备上的功能、系统的结构、工作原理及设备对液压系统的要求。

4）设备生产厂的制造日期、液压件状况、运输途中有无损坏、调试及验收的原始记录，以及使用故障及处理措施等。

5）需掌握液压传动的基本知识及积累处理液压故障的初步经验。

（2）调查

向设备操作者询问出现故障前后系统的工作状况及异常现象，产生故障的部位和故障现象，同时了解过去这类故障的排除情况。

（3）现场观察

若设备还能启动运行，应当亲自启动设备，操纵有关控制部分，观察故障现象，查找故障原因。

（4）查阅技术档案

查阅设备技术档案中与本次故障相似的历史记载。

（5）归纳分析

对现场观察到的情况、操作者提供的情况及历史资料进行综合分析，找出产生故障的可能原因。

（6）组织实施

制定出切实可行的排除措施，并组织实施。

（7）总结经验

对故障经过分析并予以排除的经验进行总结。积累实际经验是开展故障诊断的重要手段。

（8）纳入设备技术档案

将本次故障的现象、部位及排除方法作为历史资料纳入设备技术档案，以便今后查阅。

2. 故障诊断方法

设备故障诊断，一般可分为简易诊断和精密诊断。

（1）简易诊断

又称为主观诊断法，它是靠维修人员利用简单的诊断仪器和经验对液压系统的故障进行诊断，判别产生故障的原因和部位。主观诊断法可概括如下。

1）看，用视觉来判别液压系统的工作状况。看运动部件运动速度有无变化和异常现象；油液是否清洁和变质，油量是否满足要求，黏度是否合适，油面是否有泡沫等；看管接头、结合面、液压泵轴伸出处和液压缸活塞杆伸出处是否泄漏；看运动部件有无爬行现象和各组成元件有无震动现象；看加工出的产品质量。

2）听，用听觉来判别液压系统的工作状况。听液压泵和系统工作时的噪声是否过大，溢流阀等元件是否有尖叫声；听液压缸换向时冲击声是否过大，是否有活塞撞击缸盖的声音；听油路板或集成块内是否有微细而连续不断的泄漏声。

3）摸，用触觉来判别液压系统的工作状况。摸泵体、阀体和油箱外壁的温度，若接触两秒钟就感到烫手，应检查原因；摸运动部件、管道和压力阀等的震动，若感觉到有高频震动，应查找原因；摸运动部件低速运动时的爬行；摸挡块、电气行程开关和行程阀等的紧固螺钉是否松动。

4）嗅，用嗅觉来判别油液是否变质。

5）阅，查阅设备技术档案中有关的故障分析与修理记录；查阅点检和定检卡；查阅交接班记录及维护保养记录。

6）问，询问设备操作者，了解设备平时运行情况：问什么时候换的油，什么时候清洗或换过滤芯；问液压泵有无异常现象；问发生事故前调压阀和流量阀是否调节过，有哪些异常现象；问发生事故前密封件或液压元件是否更换过；问发生事故前后出现过哪些不正常现象；问过去常出现哪些故障，是怎样排除的。

（2）精密诊断

又称为客观诊断法，利用各种检测仪器进行定量测试分析。简易诊断法只是一个简易的定性分析，对快速判断和排除故障，具有较广泛的实用性。但因技术人员判断能力的差异和实际经验的不同，其结果会有差别。为了弄清液压系统产生故障的原因，有时还需要停机拆卸某些液压元件并对其进行定量测试。

（3）液压系统原理图分析法

根据液压系统原理图分析液压传动系统出现的故障，找出故障产生的部位及原因，并提出排除故障的方法。液压系统图分析法是目前工程技术人员应用最为普遍的方法，它要求人们具有一定液压知识基础并能看懂液压系统图，掌握各图形符号所表示元件的名称、功能，对元件的原理、结构及性能有一定的了解，并能结合动作循环表对照分析、判断故障。

（4）其他分析法

1）浇油法，可采用浇油法找出进行部位。找进行部位时，可用油浇淋怀疑部位，如果油浇到某处时，故障现象消失，证明找到了故障根源。浇油法对查找液压泵和系统吸油部位进气造成的故障特别有效。

2）检查试验法，对压力故障和动作故障，可采用分段检查试验法。外部因素排除后再对系统本身进行检查。对系统进行检查，一般应按照机电—联轴器—液压泵的顺序，依次对每个有关环节进行检查，对多回路系统应依次对各有关回路分别进行检查。这样，一直到查出故障部位为止。

3）逻辑分析法，液压系统发生故障时，往往不能立即找出故障发生的部位和根源，为了避免盲目性，人们必须根据液压系统原理进行逻辑分析或采用因果分析等方法逐一排除，最后找出发生故障的部位，这就是用逻辑分析的方法查找出故障。为了便于应用，故障诊断专家设计了逻辑流程图或其他图表对故障进行逻辑判断，为故障诊断提供了方便。

上述各种故障诊断技术和方法往往是相互联系、互相渗透的。在实际的操作中，时常需要结合多种诊断方法以期迅速、准确地查找出故障部位和故障原因。

9.3 液压系统的清洗

液压元件及系统在制造与装配过程中，不可避免地要受到轻重不同的污染，从而导致液压元件卡死失灵，加剧液压元件及液压泵磨损，引起液压油老化变质及滤油器堵塞等。因此，在液压元件和系统安装和调试运转前，必须对液压元件、辅助元件和液压系统进行仔细的清洗。清除附着在零部件、液压元件、液压辅件及管路元件表面上的切屑、磨粒、纱头、尘埃、油污、焊渣、锈片、油漆和镀料的剥落片、碎片及水分等。

1. 零部件清洗

零部件（液压元件的各零件、管路、油箱及密封件等）一般有大量油污、防锈保护层及表面氧化物等，装配前要用不同种类的清洗剂浸泡和清洗。一般可用清洗煤油刷洗，但禁用汽油、超声波清洗。

（软管可采用高速液流进行喷洗，硬管也可用同样的方法清洗。）

2. 液压元件的清洗

液压元件在出厂时是清洗干净并用塑料塞封住油口的，只要存放时间不超过两年，元件内部可不必清洗；元件外部可用清洗煤油刷洗。但需注意，所有的油口堵头、管密封、塑料帽此时不可拆除。

3. 液压系统的清洗

在散件和液压元件清洗结束后装入系统的过程中，需要进行液压系统的清洗。清洗的目的是清除回路安装时进入系统的污物以及零件清洗未净的污物。装配和试车使用前及检修后，均需进行这种清洗。

一般情况下，新的或修理后的液压系统的清洗应分为两次进行：第一次主要清洗回路，第二次清洗整个液压系统。

（1）第 1 次清洗

先清洗油箱并用绸布擦净，然后注入油箱容量 60% ～ 70% 的工作油或试车油；将溢流阀及其他阀的排油回路，在阀的进油口处临时断开；将液压缸两端的油管直接连通；使换向阀处于某换向位置，在主回油管临时接入一过滤器。向液压泵内灌油，启动液压泵，并通过加热装置将油液加热到 50 ℃～ 80 ℃进行清洗。清洗初期，回油路处的过滤器用 80 ～ 100 目的过滤网，当达到预定清洗时间的 60% 时，换用 150 目的过滤网。为提高清洗质量，换向阀可作一次换向，液压泵可作间歇运转，并在清洗过程中轻轻敲击油管。清洗时间视系统复杂程度、污染程度和所需过滤精度等具体情况而定，一般为十几小时。第一次清洗结束后，应将系统中的油液全部排出，然后再次清洗油箱并用绸布擦净。

（2）第 2 次清洗

先按正式工作油路接好，然后向油箱注入工作所需的油量，再启动液压泵对系统各部分进行清洗。清洗时间一般为 2 ～ 4 h。清洗结束时过滤器的过滤网上应无杂质。这次清洗后的油液可继续使用。

4. 使用过程中液压系统的清洗

液压设备使用半年至一年，要进行换油，此时可结合换油对液压系统进行清洗。使用过程中液压系统的清洗有如下几步。

1）排净废油。最好在温度高的时候进行排放，同时检查污染状况和磨粒，查明磨损部位，并采取相应措施。

2）清洗。

3）清洗结束后在热状态下排掉清洗液，并立即加入新的工作油液。

也可采用不停机的清洗方法，即在循环运转过程中向油液中加注专用的清洗溶剂。清洗后应适当追加高黏度油液（清洗剂会降低油液黏度）。

9.4 操作实训

动力滑台是组合机床用来实现进给运动的通用部件，配置动力头和主轴箱后可以对工件完成各种孔加工、端面加工等工序。液压动力滑台用液压缸驱动，可实现多种进给工作循环。对液压动力滑台液压系统性能的主要要求是速度换接平稳，进给速度稳定，功率利用合理，系统效率高，发热少。

现以 YT4543 型动力滑台为例分析其液压系统的工作原理和特点。YT4543 型动力滑台进给速度范围为 6.6 ～ 600 mm/min，最大进给力为 4.5×10^4 N。图 9-3 所示为 YT4543 型动力滑台的液压系统，该系统采用限压式变量叶片泵及单杆活塞液压缸。通常实现的工作循环是：快进→第一次工作进给→第二次工作进给→固定挡块停留→快退→原位停止。

9.4.1 YT4543 型动力滑台液压系统

（一）任务要求

本任务要求能对 YT4543 型动力滑台的液压系统进行全面分析，能正确选择液压元件并组装完整的液压系统，进行调试和维护，并学会正确分析、研究液压传动系统中的常见故障，且具有动手排除常见故障的能力。

（二）YT4543 型动力滑台液压系统工作原理

YT4543 型动力滑台液压系统用限压式变量叶片泵供油，电磁换向阀换向，行程阀实现快、慢速度转换，串联调速阀实现两种工作进给速度的转换，其最大进给速度为 7.3m/min，最大推力为 45 kN。YT4543 型动力滑台的液压系统如图 9–3 所示。

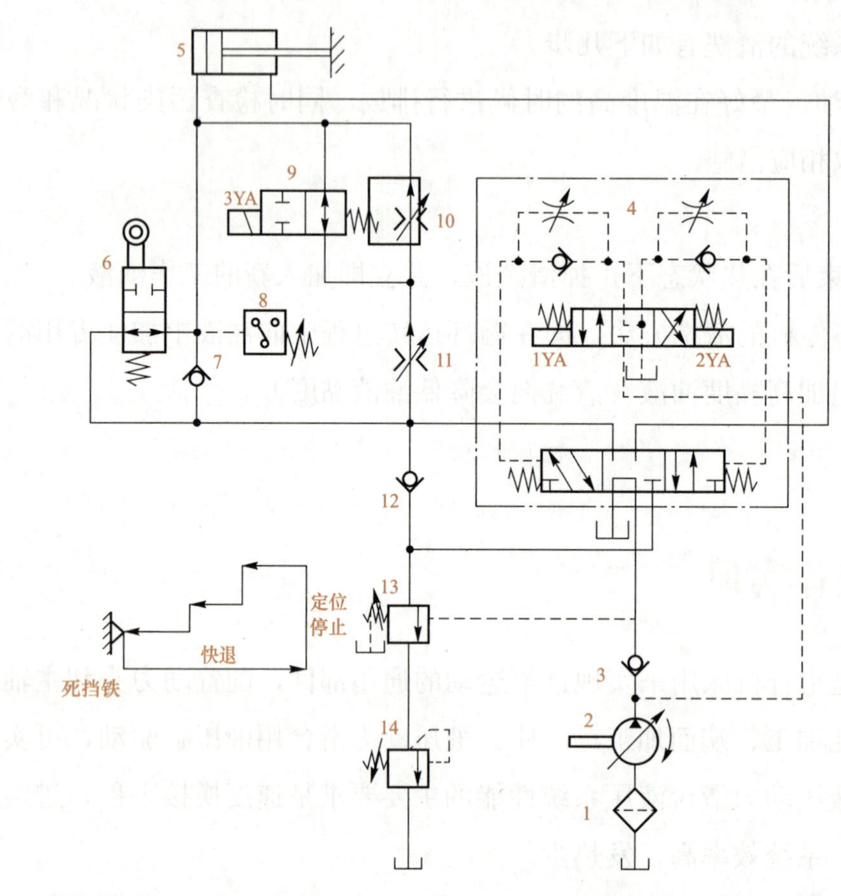

1—滤油器；2—变量叶片泵；3、7、12—单向阀；4—电液换向阀；5—液压缸；6—行程换向阀；8—压力继电器；9—二位二通电磁换向阀；10、11—调速阀；13—液控顺序阀；14—背压阀

图 9–3 YT4543 型动力滑台的液压系统

（1）快进

按下启动按钮，电液换向阀 4 的电磁铁 1YA 通电，使电液换向阀 4 的先导阀左位工作，控制油液经先导阀左位经单向阀进入主液动换向阀的左端，使其左位接入系统。变量叶片泵 2 输出的油液经主液动换向阀左位进入液压缸 5 的左腔（无杆腔），因为此时为空载，系统压力不高，液控顺序阀 13 仍处于关闭状态，故液压缸右腔（有杆腔）排出的油液经主液动换向阀左位也进入了液压缸的无杆腔。这时液压缸 5 为差动连接，

限压式变量泵输出流量最大，动力滑台实现快进。

系统控制油路和主油路中油液的流动路线如下。

控制油路进油路：滤油器 1 →变量叶片泵 2 →电液换向阀 4 的先导阀的左位→左单向阀→电液换向阀 4 的主阀的左位。回油路：电液换向阀 4 的右位→右节流阀→电液换向阀 4 的先导阀的左位→油箱。主油路进油路：滤油器 1 →变量叶片泵 2 →单向阀 3 →电液换向阀 4 的主阀的左位→行程换向阀 6 的下位→液压缸 5 的左腔。回油路：液压缸 5 的右腔→电液换向阀 4 →液控顺序阀 13 →阀 14 →油箱。

（2）一工进

当快进完成时，滑台上的挡块压下行程换向阀 6。行程换向阀上位工作，阀口关闭，这时电液换向阀 4 仍工作在左位，变量叶片泵 2 输出的油液通过电液换向阀 4 后只能经调速阀 11 和二位二通电磁换向阀 9 右位进入液压缸 5 的左腔。由于油液经过调速阀而使系统压力升高，于是将液控顺序阀 13 打开，并关闭单向阀 12，液压缸差动连接的油路被切断，液压缸 5 右腔的油液只能经液控顺序阀 13、背压阀 14 流回油箱，这样就使滑台由快进转换为第一次工进：由于工进时液压系统油路压力升高，所以限压式变量泵的流量自动减小，滑台实现第一次工进。工进速度由调速阀 11 调节。

此时控制油路不变，其主油路如下：进油路：滤油器 1 →变量叶片泵 2 →单向阀 3 →电液换向阀 4 的主阀的左位→调速阀 11 →二位二通电磁换向阀 9 的右位→液压缸 5 的左腔。回油路：液压缸 5 的右腔→电液换向阀 4 的主阀的左位→液控顺序阀 13 —背压阀 14 →油箱。

（3）二工进

第二次工进时的控制油路和主油路的回油路与第一次工进时基本相同，不同之处是当第一次工进结束时，滑台上的挡块压下行程开关，发出电信号使二位二通电磁换向阀 9 的电磁铁 3YA 通电，二位二通电磁换向阀 9 左位接入系统，切断了该阀所控制的油路，经调速阀 11 的油液必须通过调速阀 10 进入液压缸 5 的左腔。此时液控顺序阀 13 仍开启。由于调速阀 10 的阀口开口量小于调速阀 11，系统压力进一步升高，限压式变量泵的流量进一步减少，使得进给速度降低，滑台实现第二次工进，工进速度可由调速阀 10 调节。

其主油路。如下进油路：滤油器 1 →变量叶片泵 2 →单向阀 3 →电液换向阀 4 的主阀的左位→调速阀 11 →调速阀 10 →液压缸 5 的左腔：回油路：液压缸 5 的右腔→电液换向阀 4 的主阀的左位→液控顺序阀 13 →背压阀 14 →油箱。

（4）死挡铁停留

当滑台完成第二次工进时，动力滑台与死挡铁相碰撞，液压缸停止不动。这时液压系统压力进一步升高，当达到压力继电器 8 的调定压力后，压力继电器动作，发出电信号传给时间继电器，由时间继电器延时控制滑台的停留时间。在时间继电器延时结束之前，动力滑台将停留在死挡铁限定的位置上，且停留期间液压系统的工作状态不变。停留时间可根据工艺要求由时间继电器来调定。设置死挡铁的作用是可以提高动力滑台行程的位置精度。这时的油路同第二次工进的油路基本相同，但实际上，液压系统内的油液已停止流动，变量叶片泵 2 的流量已减至很小，仅用于补充泄漏油。

（5）快退

动力滑台停留时间结束后，时间继电器发出电信号，使电磁铁 2YA 通电，1YA、3YA 断电。这时电液换向阀 4 的先导阀右位接入系统，电液换向阀 4 的主阀也换为右位工作，油路换向。因滑台返回时为空载，液压系统压力低，变量叶片泵 2 的流量又自动恢复到最大值，故滑台快速退回。

其控制油路如下。进油路：滤油器 1 →变量叶片泵 2 →电液换向阀 4 的先导阀的右位→右单向阀→电液换向阀 4 的主阀的右位。回油路：电液换向阀 4 的主阀的左位→左节流阀→电液换向阀 4 的先导阀的右位→油箱。

其主油路如下。进油路：滤油器 1 →变量叶片泵 2 →单向阀 3 →电液换向阀 4 的主阀的右位→液压缸 5 的右腔。回油路：液压缸 5 的左腔→单向阀 7 →电液换向阀 4 的主阀的右位→油箱。

（6）原位停止

当动力滑台快退到原始位置时，挡块压下行程开关，使电磁铁 2YA 断电，这时电磁铁 1YA、2YA、3YA 都失电，电液换向阀 4 的先导阀及主阀都处于中位，液压缸 5 两腔被封闭、动力滑台停止运动，滑台锁紧在起始位置上。变量叶片泵 2 通过电液换向阀 4 的中位卸荷。

其控制油路如下：①控制油路电液换向阀 4 的主阀的左位回油→左节流阀→电液换向阀 4 的先导阀的中位→油箱。电液换向阀 4 的主阀的右位回油→右节流阀→电液换向阀 4 的先导阀的中位→油箱。②主油路的进油路：滤油器 1 →变量叶片泵 2 →单向阀 3 →电液向阀 4 的先导阀的中位→油箱。回油路：液压缸 5 的左腔→单向阀 7 →电液换向阀 4 的先导阀的中位→油箱；液压缸 5 的右腔→电液换向阀 4 的先导阀的中位（堵塞）。

YT4543 型动力滑台的液压系统电磁铁的动作顺序如表 9-2 所示。

表 9-2　YT4543 型动力滑台的液压系统电磁铁动作顺序表

工作循环	电磁铁			行程阀
	1YA	2YA	3YA	
快进	+	–	–	–
一工进	+	–	–	+
二工进	+	–	+	+
死挡铁停留	+	–	+	+
快退	–	+	–	±
原位停止	–	–	–	–

注：“+”表示电磁铁得电或行程阀被压下，“–”表示电磁铁断电或行程阀抬起。

9.4.2　数控车床液压系统

数控车床车削加工的自动化程度高，故能获得较高的加工质量。目前，在数控车床上，大多都应用了液压传动技术。下面介绍 MJ-50 型数控车床的液压系统，图 9-4 所示为该系统的原理图。机床中由液压系统实现的动作有：卡盘的夹紧与松开、刀架的夹紧与松开、刀架的正转与反转、尾座套筒的伸出与缩回。液压系统中各电磁阀的电磁铁动作是由数控系统的 PC 控制实现，各电磁铁动作顺序如表 9-3 所示。

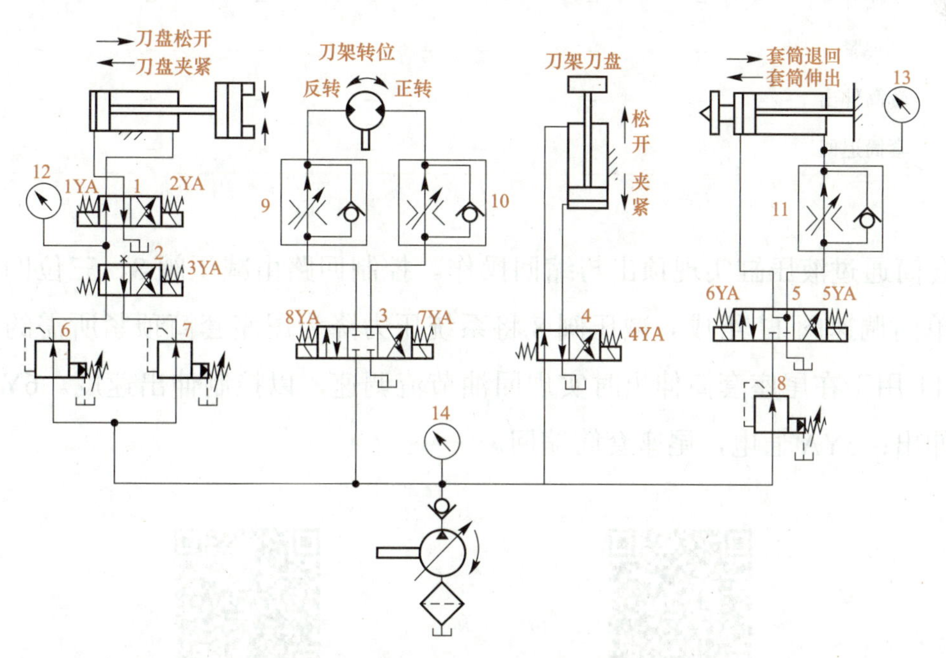

1、2、4—二位四通电磁换向阀；3、5—三位四通电磁换向阀；6、7、8—减压阀；9、10、11—单向调速阀；12、13、14—压力表

图 9-4　MJ-50 型数控车床的液压系统

刀盘的松开与夹紧是通过二位四通电磁换向阀 4 的切换来实现的。刀盘的正、反转通过三位四通电磁换向阀 3 的切换控制，两个单向调速阀 9 和 10 与变量液压泵使液压马达在正、反转时都能通过进油路容积节流调速来调节旋转速度。自动换刀的完整过程是：刀盘松开→刀盘通过左转或右转就近到达指定刀位→刀盘夹紧。因此，电磁铁的动作顺序是：4YA 通电（刀盘松开）→ 8YA（正转）或，7YA（反转）通电（刀盘旋转）→ 8YA 或 7YA 断电（刀盘停止转动）→ 4YA 断电（刀盘夹紧）。

表 9–3　电磁铁动作顺序表

各种项目 1YA 2YA			电磁铁							
			3YA	4YA	5YA	6YA	7YA	8YA		
刀盘正卡	高压	夹紧	+	−	−	−	−	−	−	−
		松开	−	+	−	−	−	−	−	−
	低压	夹紧	+	−	+	−	−	−	−	−
		松开	−	+	+	−	−	−	−	−
刀盘反卡	高低	夹紧	−	+	−	−	−	−	−	−
		松开	+	−	−	−	−	−	−	−
	低压	夹紧	−	+	+	−	−	−	−	−
		松开	+	−	+	−	−	−	−	−
刀架	正转		−	−	−	−	−	−	+	+
	反转		−	−	−	−	−	−	−	−
	松开		−	−	−	+	−	−	−	−
	夹紧		−	−	−	−	−	−	−	−
尾座	套筒伸出		−	−	−	−	−	+	−	−
	套筒退回		−	−	−	−	+	−	−	−

尾座套筒通过液压缸实现顶出与缩回操作。控制回路由减压阀 8、三位四通电磁换向阀 5 和单向调速阀 11 组成。减压阀 8 将系统压力降为尾座套筒顶紧所需的压力。单向调速阀 11 用于在尾座套筒伸出时实现回油节流调速，以控制伸出速度。6YA 通电，尾座套筒伸出；5YA 通电，尾座套筒缩回。

典型机床回路 1

典型机床回路 2

附　录

常用流体传动系统及元件图形符合新旧标准对照

表 A-1　图形符号的基本要素

新标准（GB/T 786.1—2009）		旧标准（GB/T 786.1—1993）	
名称及说明	符号	名称及说明	符号
供油管路 回油管路 元件外壳 和外壳符号	0.1M	工作管路	
控制管路 泄油管路 冲洗管路 放气管路	0.1M	控制管路	
组合元件框线	0.1M	组合元件线	
两个流体管路 的连接	0.75M	管路连接点滚 轮轴	
软管管路	2.5M 4M	柔性管路	
封闭管路 或接口	1M 1M	封产油、气路 或油、气口	⊥

续表

新标准（GB/T 786.1—2009）		旧标准（GB/T 786.1—1993）	
名称及说明	符号	名称及说明	符号
机械连接	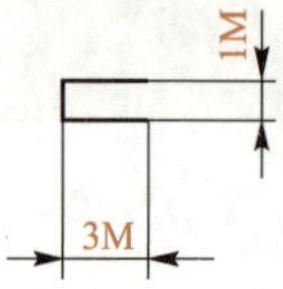 1M 3M	机械连接的轴、操纵杆、透塞杆等	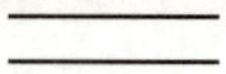
弹黄（控制元件）	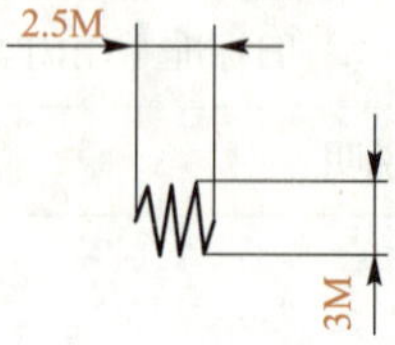 2.5M 3M	弹簧	
有盖油箱	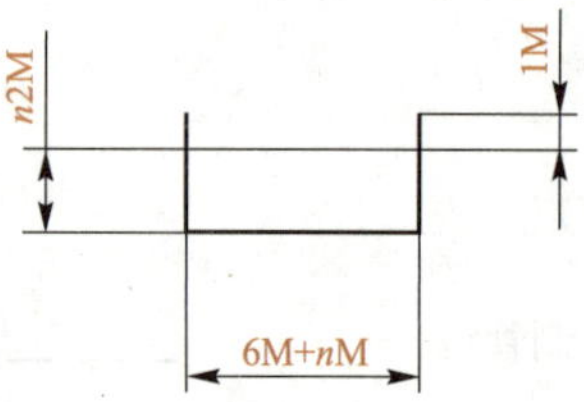 n2M 1M 6M+nM		
回到油箱	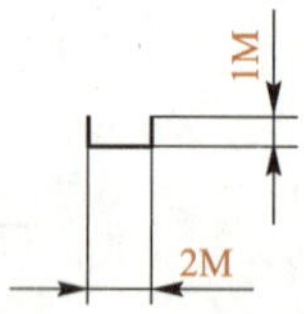 1M 2M	油箱	
气压源	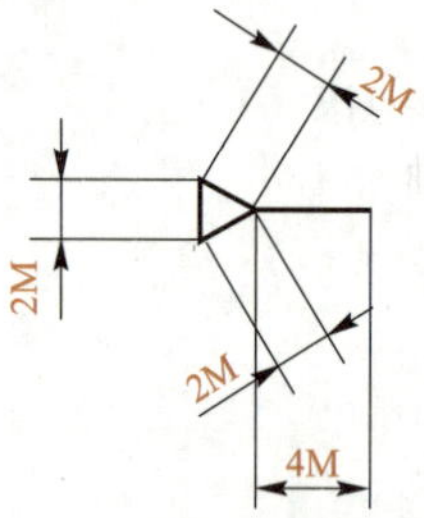 2M 2M 2M 4M	气压源	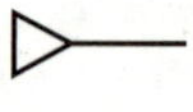
液压源	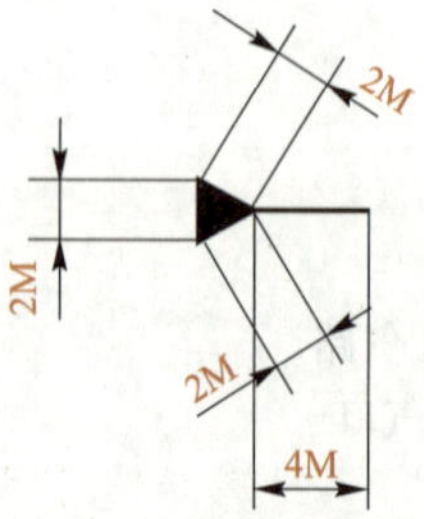 2M 2M 2M 4M	液压源	

表 A-2　泵

新标准（GB/T 786.1—2009）		旧标准（GB/T 786.1—1993）	
名称及说明	符号	名称及说明	符号
变量泵		单向变量液压泵	
双向流动，上泄油路单向旋转的变量泵		双向变量液压泵	
双向变量泵或马达单元		变量液压泵－马达	
单向旋转的定量泵或马达		定量液压泵－马达	
限制摆动角度，双向流动的摆动执行器或旋转驱动		摆运马达	
马达（气动）		单向定量马达	
空气压缩机			
变方向定流量双向摆动马达		双向定量马达	
真空泵			

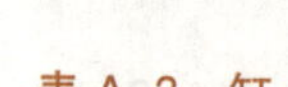

表 A-3 缸

新标准（GB/T 786.1—2009）		旧标准（GB/T 786.1—1993）	
名称及说明	符号	名称及说明	符号
单作用单杆缸，弹簧腔带加接油口		单作用弹簧复位缸	详细符号 简化符号
双作用单杆缸		双作用单活塞杆缸	详细符号 简化符号
双作用双杆缸，活塞杆直径不同，双缸缓冲、右侧带调节		双作用双活塞杆缸	简化符号
带行程限制器的双作用缸片缸			
单作用缸，柱塞缸			
单作用伸缩缸		单作用伸缩缸	
双作用伸缩缸		双作用伸缩缸	
		双向缓冲缸（可调）	简化符号
单作用压力介质转换器		气、液转换器	

表 A-4 阀

新标准（GB/T 786.1—2009）		旧标准（GB/T 786.1—1993）	
名称及说明	符号	名称及说明	符号
具有可调行程限制装置的顶杆	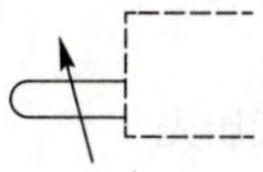	可变行程控制式	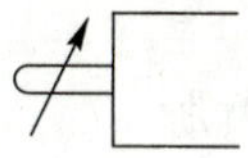
带有定位装置的推或拉控制构机	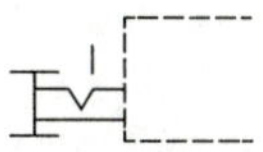	按钮式人力控制	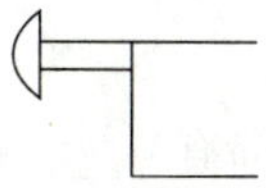
用作单方向行程操纵的滚轮杠杆	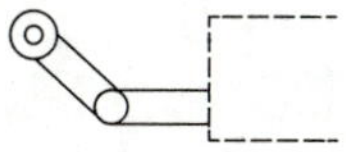	单向滚轮式	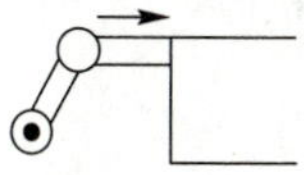
使用步进电动机的控制机构	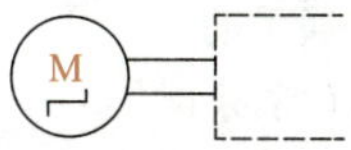		
单作用电磁铁，动作指向阀芯	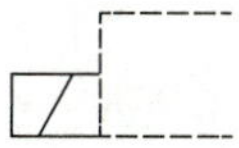	单作用电磁铁	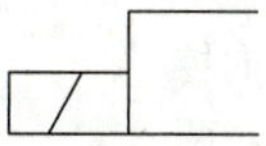
单作用电磁铁，动作背离阀闷			
双作用电气控制机构，动作指向或背离阀芯	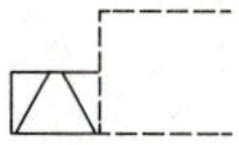	双作用电磁铁	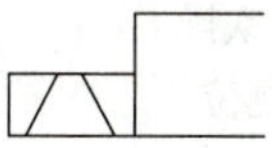
单作用电磁铁，动作指向陶芯，连续控制	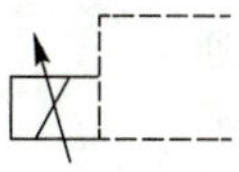	比例电磁铁	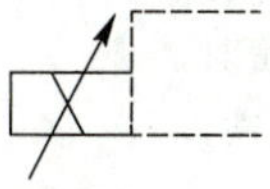
单作用电磁铁，动作背离陶芯，连续控制	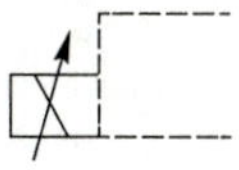		
双作用电气控制机构，动作指向或背离阀芯，连续控制	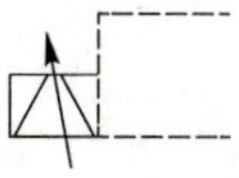	双作用可调电磁操纵器（力矩马达）	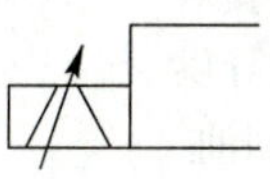

续表

新标准（GB/T 786.1—2009）		旧标准（GB/T 786.1—1993）	
名称及说明	符号	名称及说明	符号
电气操纵的气动先导控制机构	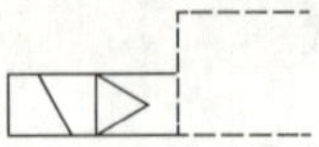	电磁－气压先导控制	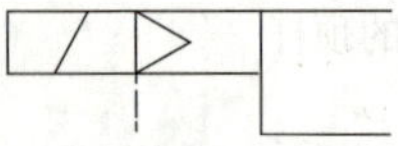
电气操纵的带有外部供油的液压先导控制机构	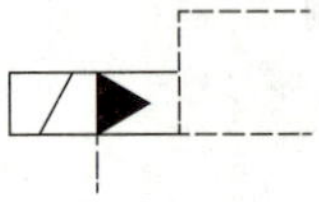	电－液先导控制	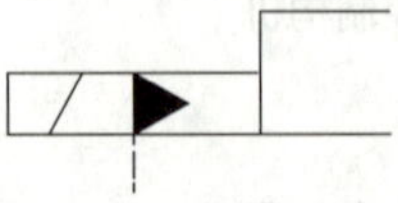
二位二通方向控制阀，两通，两位，推压控制机构，弹簧复位，常闭	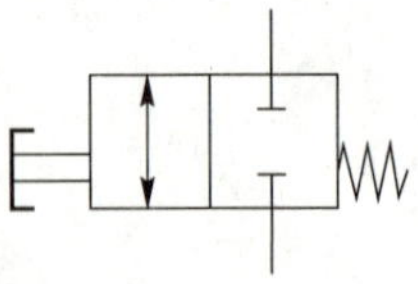	二位二通手动换向阀（常闭）	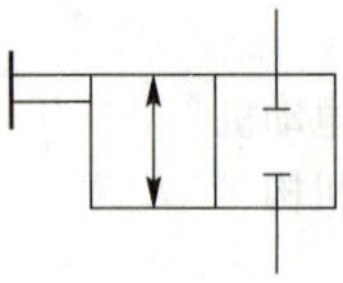
二位二通方向控制阀，两通，两位，电磁铁操纵，弹簧复位，常开	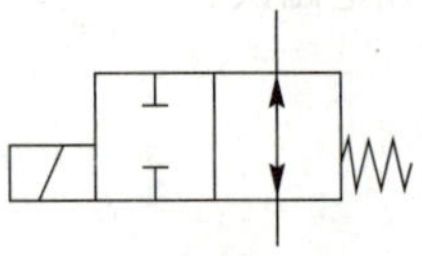	二位二通换向阀（常开）	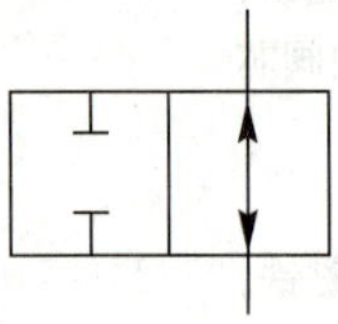
二位四通方向控制阀，电磁铁操纵，弹簧复位	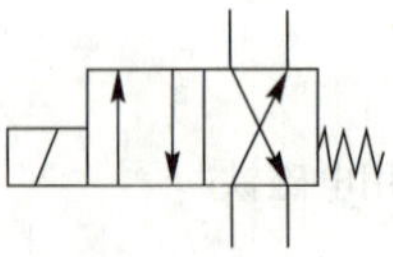	二位四通换向阀	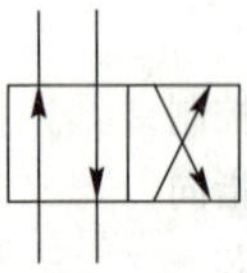
三位四通方向控制阀，弹簧对中，双电磁铁直接操纵	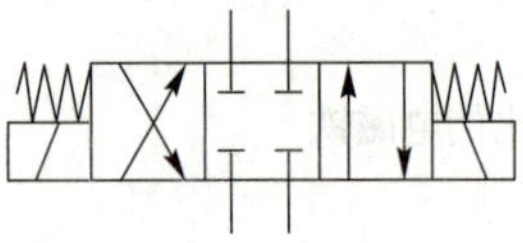	三位四通换向阀	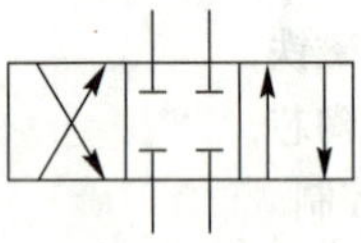
三位四通方向控制阀，电磁铁操纵先导级和液压操作主阀，主阀及先导级弹簧对中，外部先导供油和先导回油	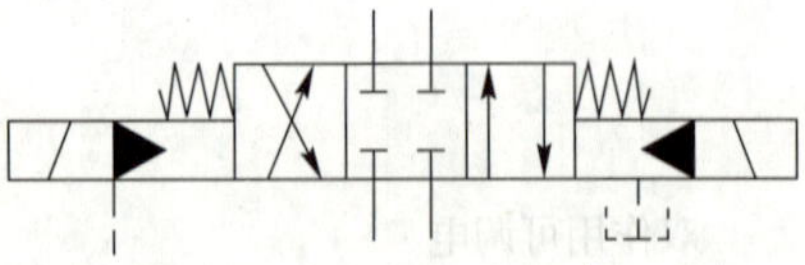	三位四通电液换向阀	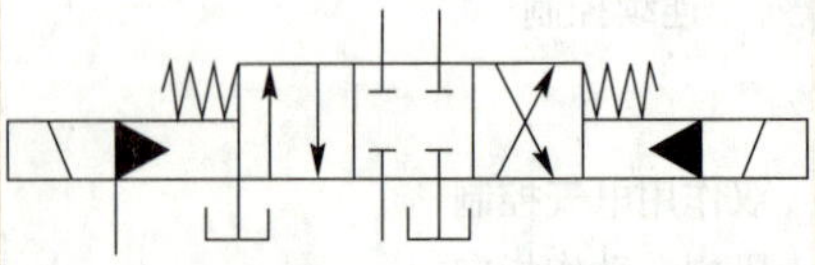

续表

新标准（GB/T 786.1—2009）		旧标准（GB/T 786.1—1993）	
名称及说明	符号	名称及说明	符号
溢流阀，直动式，开启压力由弹簧调节		直动型溢流阀	
顺序闪，手动调节设定值		直动型顺序阀	
二通减压阀，直动式，外泄型		直动型减压阀	
三通减压阀		溢流减压阀	
二通减压阀，先导式，外泄型		先导型减压阀	
电磁溢流阀，先导式，电气操纵预设定压力		先导型电磁式溢流阀	
可调节流量控制阀		可调节流阀	详细符号 简化符号

续表

新标准（GB/T 786.1—2009）		旧标准（GB/T 786.1—1993）	
名称及说明	符号	名称及说明	符号
可调节流量控制阀，单向自动流动	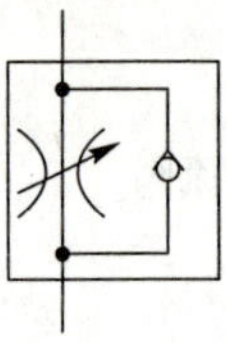	可调单向节流阀	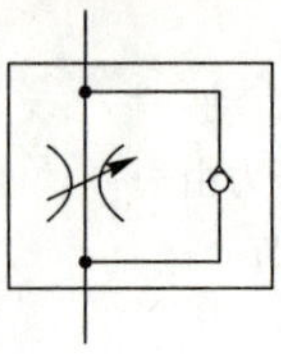
流量控制阀，滚轮杠杆操纵，弹簧复位	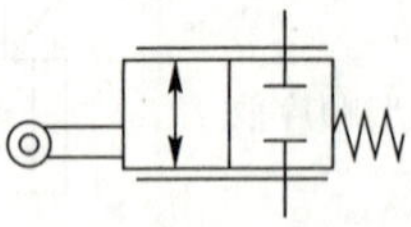	滚轮控制可调节流阀	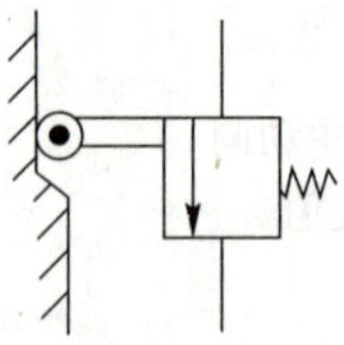
二通流量控制阀，可调节，带旁通阀，固定设置，单向流动，基本与黏度和压力差无关	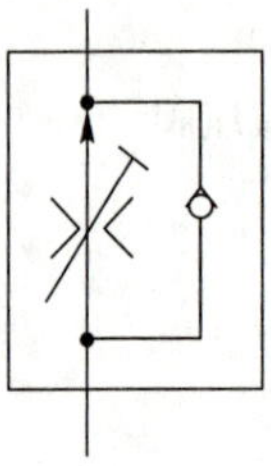	单向调速阀	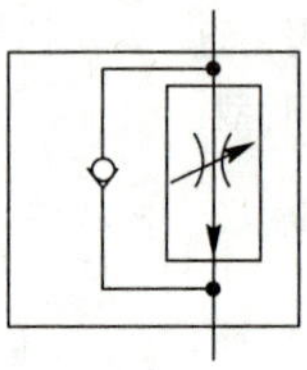
三通流量控制阀，可调节，将输入流量分成固定流量和剩余流量	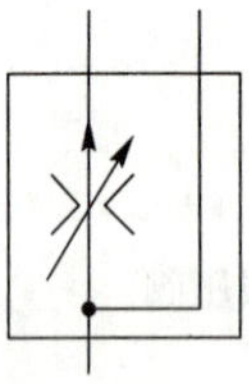	旁通型调速阀	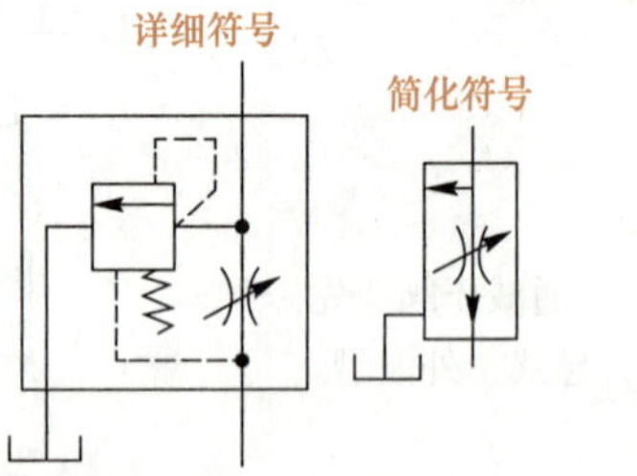 详细符号 简化符号
单向阀	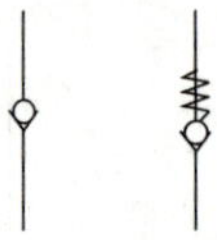	单向阀	
先导式液控单向阀		液控单向阀	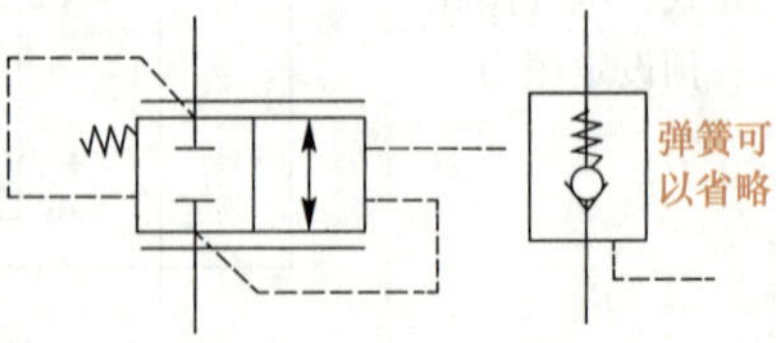 弹簧可以省略
双单向阀，先导式	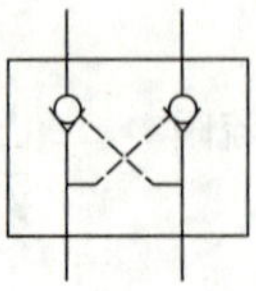	液压锁	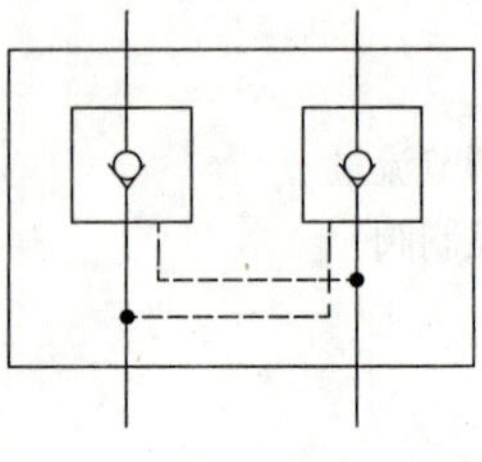

续表

新标准（GB/T 786.1—2009）		旧标准（GB/T 786.1—1993）	
名称及说明	符号	名称及说明	符号
梭阀（“或”）逻辑	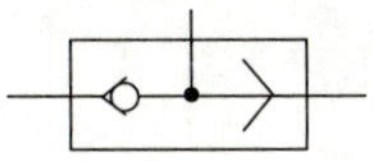	或门型梭阀	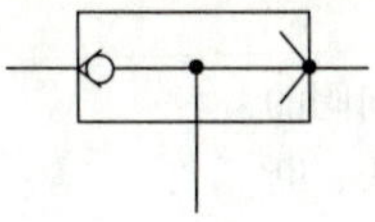
快速排气阀	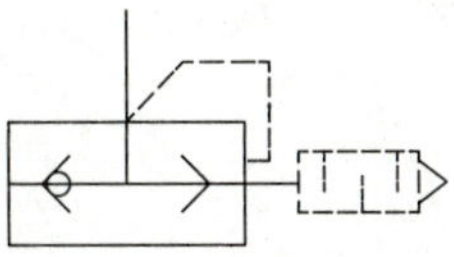	快速排气阀	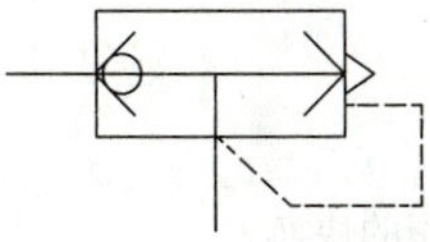
直动式比例方向控制阀	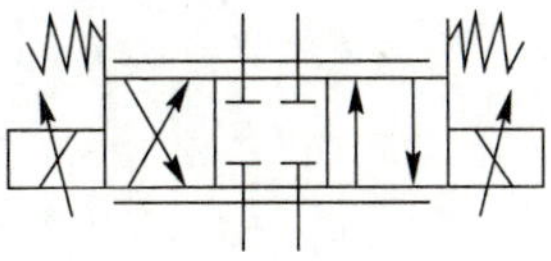		
比例溢流阀，直控式，通过电磁铁控制弹簧工作长度来控制液压电磁换向座阀	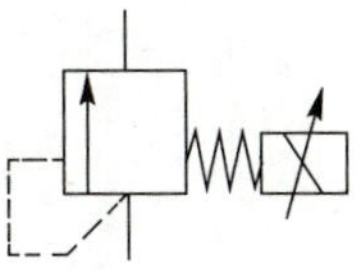		
比例溢流阀，直控制，电磁力直接作用在闷芯上	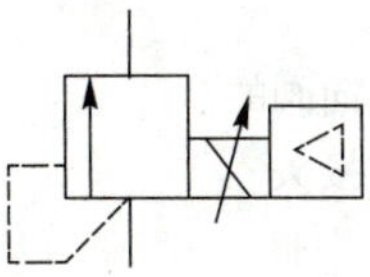		
比例溢流阀，先导控制，带电磁铁位置反锁	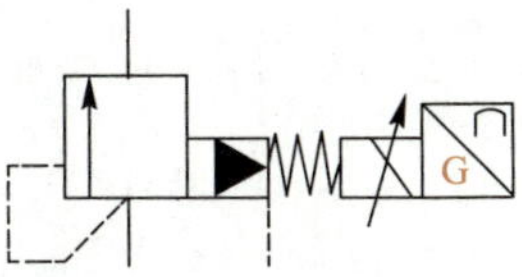	先导型比例电磁式压力控制阀	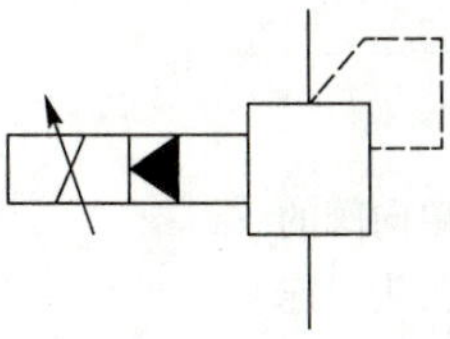
比例流量控制阀，直控式	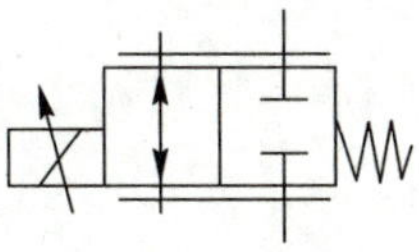		
流量控制阀，用双线圈比例用电磁铁控制，节流孔可变，特性不受黏度变化的影响			
三通旋转接头	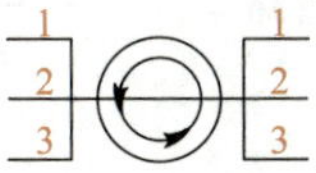	三通路旋转接头	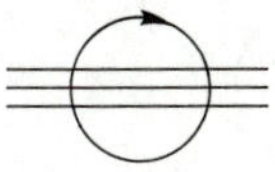

续表

新标准（GB/T 786.1—2009）		旧标准（GB/T 786.1—1993）	
名称及说明	符号	名称及说明	符号
不带单向阀的快换接头，断开状态			
带单向阀的快换接头，断开状态			
带两个单向阀的快换接头，断开状态			
不带单向阀的快换接头，连接状态		不带单向阀的快换接头	
带一个单向阀的快插管头头，连续状态			
带两个单向阀的快插管接头，连接状态		带单向阀的快换接头	
两条管路的连接标出连接点	0.75M	连接管路	

续表

新标准（GB/T 786.1—2009）		旧标准（GB/T 786.1—1993）	
名称及说明	符号	名称及说明	符号
两条管路交叉没有节点表明它们之间没有连接		交叉管路	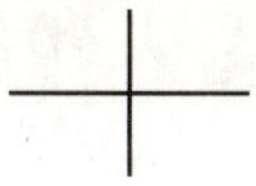
可调节的机械电子压力继电器		压力插电器	详细符号 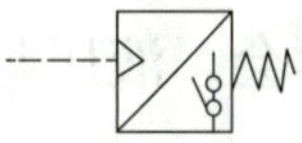 一般符号 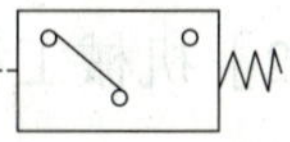
温度计		温度计	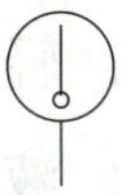
液位指示器（液位计）		液面计	
流量计	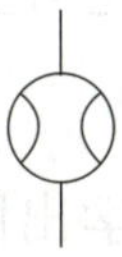	流量计	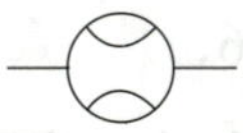
压力测量单元（压力表）		压力计	
过滤器	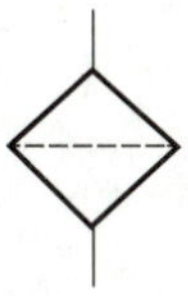	过滤器	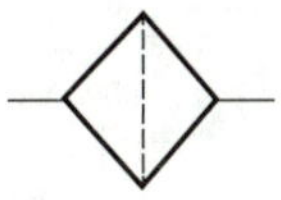
离心式分离器	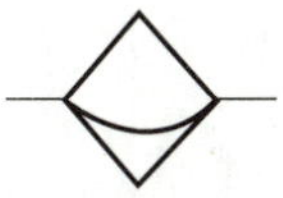		

参考文献

[1] 路甬祥. 液压气动技术手册［J］. 北京：机械工业出版社，2002.
[2] 机械工程学会. 液压与气动设备维修问答［M］. 北京：机械工业出版社，2004.
[3] 高殿荣. 液压工程师技术手册［M］. 北京：化学工业出版社，2016.
[4] 冯锦春. 液压与气压传动技术［M］. 北京：人民邮电出版社，2014
[5] 郑家林. 轻工业气压传动［M］. 北京：轻工业出版社，1986.
[6] 张群生. 液压传动与气压传动［M］. 北京：机械工业出版社，2015.
[7] 徐永生. 气压传动［M］. 北京：机械工业出版社，2000.
[8] 张世亮. 液压与气压传动［M］. 北京：机械工业出版社，2006.
[9] 袁子荣. 液气压传动与控制［M］. 重庆：重庆大学出版社，2002.
[10] 李鄂民. 液压与气压传动［M］. 北京：机械工业出版社，2001.
[11] 王孝华，赵中林. 气动元件及系统的使用与维修［M］. 北京：机械工业出版社，1996.
[12] 李登万. 液压与气压传动［M］. 南京：东南大学出版社，2004.
[13] 赵锡华. 液压传动及设备故障分析［M］. 北京：机械工业出版社，1991.
[14] 迟媛. 液压与气压传动［M］. 北京：机械工业出版社，2016.
[15] 左健民. 液压与气压传动［M］. 北京：机械工业出版社，2001.
[16] 刘银水. 液压与气压传动［M］. 北京：机械工业出版社，2018.

液压传动技术

课堂教学笔记与练习

主编　杨林建　李松岭

北京理工大学出版社
BEIJING INSTITUTE OF TECHNOLOGY PRESS

目　录

绪　论

课堂教学笔记记录本

液压传动的基本组成：

绪论答案

绪　论

思考题与习题

一、填空题

1. 液压传动是以________为工作介质进行能量传递和控制的一种传动形式。

2. 液压传动系统主要由________、________、________、________及传动介质等部分组成。

3. 能源装置是把________转换成流体的压力能的装置，执行装置是把流体的________转换成机械能的装置，控制调节装置是对液（气）压系统中流体的压力、流量和流动方向进行________的装置。

二、判断题

（　　）1. 液压传动不容易获得很大的力和转矩。

（　　）2. 液压传动可在较大范围内实现无级调速。

（　　）3. 液压传动系统不宜远距离传动。

（　　）4. 液压传动的元件要求制造精度高。

（　　）5. 气压传动适合集中供气和远距离传输与控制。

（　　）6. 与液压系统相比，气压传动的工作介质本身没有润滑性，需另外加油雾器进行润滑。

（　　）7. 液压传动系统中，常用的工作介质是汽油。

（　　）8. 液压传动是依靠密封容积中液体静压力来传递力的，如万吨水压机。

（　　）9. 与机械传动相比，液压传动其中一个优点是运动平稳。

三、选择题

1. 把机械能转换成液体压力能的装置是（　　）。

A. 动力装置　　B. 执行装置　　C. 控制调节装置

2．液压传动的优点是（　　）。

A．比功率大　　B．传动效率低　　　C．可定比传动

3．液压传动系统中，液压泵属于（　　），液压缸属于（　　），溢流阀属于（　　），油箱属于（　　）。

A．动力装置　　B．执行装置　　　C．辅助装置　　　D．控制装置

四、问答题

液压传动系统由哪些基本组成部分？各部分的作用是什么？

模块 1

液压传动基础知识　课堂教学笔记记录本

液压油：

模块 1 答案

流体静力学：

流体动力学：

管路中液体压力和流量的损失：

薄壁小孔与阻流管：

液压冲击及空穴现象：

模块 1

液压传动基础知识　思考题与习题

一、填空题

1．流体流动时，沿其边界面会产生一种阻止其运动的流体摩擦作用，这种产生内摩擦力的性质称为________。

2．单位体积液体的质量称为液体的________，液体的密度越大，泵吸入性越__________。

3．油温升高时，部分油会蒸发而与空气混合成油气，该油气所能点火的最低温度称为________，如继续加热，则会连续燃烧，此温度称为________。

4．工作压力较高的系统宜选用黏度________的液压油，以减少泄漏；反之便选用黏度________的油。执行机构运动速度较高时，为了减小液流的功率损失，宜选用黏度________的液压油。

5．我国油液牌号是以________℃时油液________黏度来表示的。

6．油液黏度因温度升高而________，因压力增大而________。

7．液压油是液压传动系统中的传动介质，而且还对液压装置的机构、零件起着________、________和防锈作用。

二、判断题

（　　）1．以绝对真空为基准测得的压力称为绝对压力。

（　　）2．液体在不等横截面的管中流动，液流速度和液体压力与横截面积的大小成反比。

（　　）3．液压千斤顶能用很小的力举起很重的物体，因而能省功。

（　　）4．空气侵入液压系统，不仅会造成运动部件的“爬行”，而且会引起冲击现象。

（　　）5. 当液体通过的横截面积一定时，液体的流动速度越高，需要的流量越小。

（ ）6．液体在管道中流动的压力损失表现为沿程压力损失和局部压力损失两种形式。

（ ）7．液体能承受压力，不能承受拉应力。

（ ）8．油液在流动时有黏性，处于静止状态也可以显示黏性。

（ ）9．用来测量液压系统中液体压力的压力计所指示的压力为相对压力。

（ ）10．以大气压力为基准测得的高出大气压的那一部分压力称绝对压力。

三、选择题

1．液体具有如下性质（ ）。

A．无固定形状而只有一定体积 B．无一定形状而只有固定体积

C．有固定形状和一定体积 D．无固定形状又无一定体积

2．在密闭容器中，施加于静止液体内任一点的压力能等值地传递到液体中的所有地方，这称为（ ）。

A．能量守恒原理 B．动量守恒定律 C．质量守恒原理 D．帕斯卡原理

3．在液压传动中，压力一般是指压强，在国际单位制中，它的单位是（ ）。

A．帕 B．牛顿 C．瓦 D．牛米

4．在液压传动中人们利用（ ）来传递力和运动。

A．固体 B．液体 C．气体 D．绝缘体

5．（ ）是液压传动中最重要的参数。

A．压力和流量 B．压力和负载 C．压力和速度 D．流量和速度

6．（ ）又称表压力。

A．绝对压力 B．相对压力 C．大气压 D．真空度

四、简答题

1．液压油的性能指标是什么？并说明各性能指标的含义。

2．选用液压油主要应考虑哪些因素？

3．什么是液压冲击？

4．应怎样避免空穴现象？

5．如选择题 5 图所示液压系统，已知使活塞 1、2 向左运动所需的压力分别为 P_1、P_2，阀门 T 的开启压力为 P_3，且 $P_1 < P_2 < P_3$。问：

（1）哪个活塞先动？此时系统中的压力为多少？

（2）另一个活塞何时才能动？这个活塞动时系统中压力是多少？

（3）阀门 T 何时才会开启？此时系统压力又是多少？

（4）若 $P_3 < P_2 < P_1$，此时两个活塞能否运动？为什么？

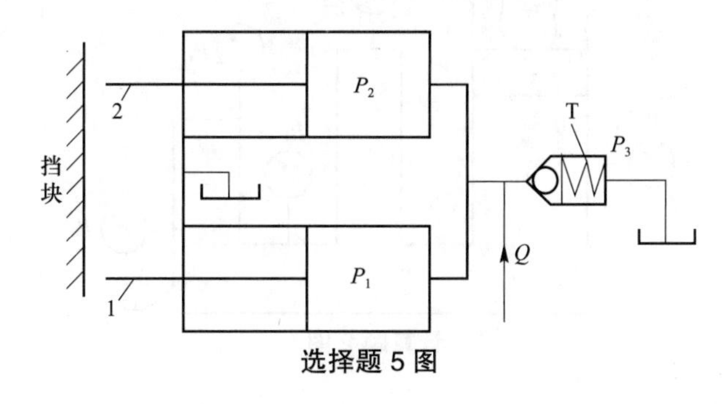

选择题 5 图

五、计算题

1．在计算题 1 图简化液压千斤顶中，T=294 N，大小活塞的面积分别为 $A_2=5\times 10^{-3}\ m^2$，$A_1=1\times 10^{-3}\ m^2$，忽略损失，试解答下列各题。

（1）通过杠杆机构作用在小活塞上的力 F_1 及此时系统压力 p；

（2）大活塞能顶起重物的重量 G；

（3）大小活塞运动速度哪个快？快多少倍？

（4）设需顶起的重物 G=19 600 N 时，系统压力 P 又为多少？作用在小活塞上的力 F_1 应为多少？

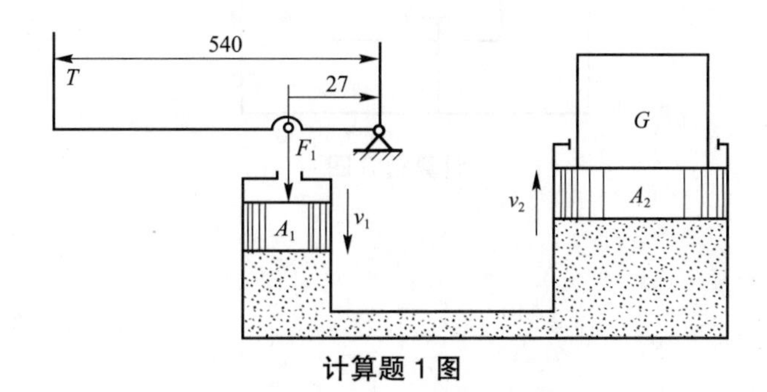

计算题 1 图

2．如计算题 2 图所示，已知活塞面积 $A=10\times10^{-3}\ \text{m}^2$，包括活塞自重在内的总负重 $G=10\ \text{kN}$，问从压力表上读出的压力 P_1、P_2、P_3、P_4、P_5 各是多少？

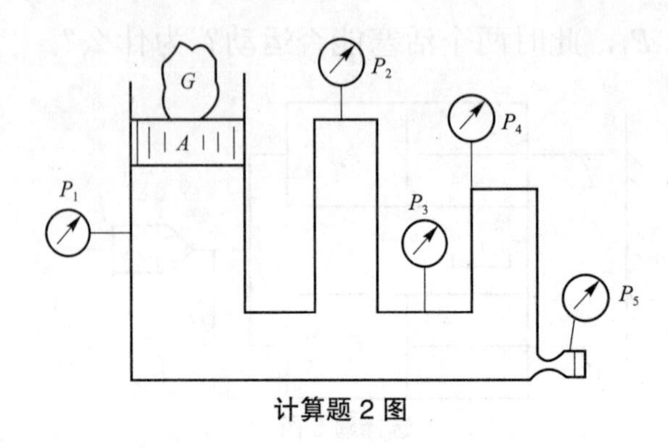

计算题 2 图

3．如计算题 3 图所示连通器，中间有一活动隔板 T，已知活塞面积 $A_1=1\times10^{-3}\ \text{m}^2$，$A_2=5\times10^{-3}\ \text{m}^2$，$F_1=200\ \text{N}$，$G=2\ 500\ \text{N}$，活塞自重不计，问：

（1）当中间用隔板 T 隔断时，连通器两腔压力 P_1、P_2 各是多少？

（2）当把中间隔板抽去，使连通器连通时，两腔压力 P_1、P_2 各是多少？力 F_1 能否举起重物 G？

（3）当抽去中间隔板 T 后若要使两活塞保持平衡，F_1 应是多少？

（4）若 $G=0$，其他已知条件都同前 F_1 是多少？

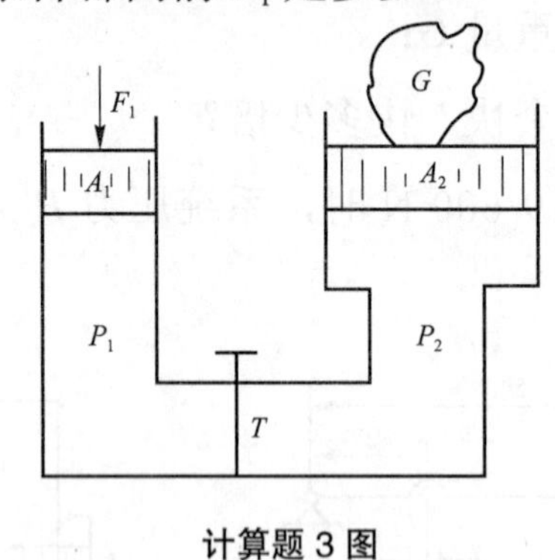

计算题 3 图

模块 2

液压动力元件　课堂教学笔记记录本

模块 2 答案

液压泵的工作原理：

液压泵的主要性能和参数：

齿轮泵：

叶片泵：

柱塞泵：

模块 2

液压动力元件　思考题与习题

一、填空题

1．液压泵是一种能量转换装置，它将机械能转换为________，是液压传动系统中的动力元件。

2．液压传动中所用的液压泵都是依靠泵的密封工作腔的容积变化来实现________的，因而称之为________泵。

3．液压泵实际工作时的输出压力称为液压泵的________压力。液压泵在正常工作条件下，按试验标准规定连续运转的最高压力称为液压泵的________压力。

4．泵主轴每转一周所排出液体体积的理论值称为________。

5．液压泵按结构不同分为________、________、________三种。

6．单作用叶片泵往往做成________的，而双作用叶片泵是________的。

二、选择题

1．液压传动是依靠密封容积中液体静压力来传递力的，如（　　）。

A．万吨水压机　B．离心式水泵　C．水轮机　D．液压变矩器

2．为了使齿轮泵能连续供油，要求重叠系统 ε（　　）。

A．大于 1　B．等于 1　C．小于 1

3．齿轮泵泵体的磨损一般发生在（　　）。

A．压油腔　B．吸油腔　C．连心线两端

4．下列属于定量泵的是（　　）。

A．齿轮泵　B．单作用式叶片泵　C．径向柱塞泵　D．轴向柱塞泵

5．柱塞泵中的柱塞往复运动一次，完成一次（　　）。

A．进油　B．压油　C．进油和压油

6．泵常用的压力中，（ ）是随外负载变化而变化的。

A．泵的工作压力 B．泵的最高允许压力 C．泵的额定压力

7. 机床的液压系统中，常用（ ）泵，其特点是：压力中等，流量和压力脉动小，输送均匀，工作平稳可靠。

A．齿轮 B．叶片 C．柱塞

8．改变轴向柱塞变量泵倾斜盘倾斜角的大小和方向，可改变（ ）。

A．流量大小 B．油流方向 C．流量大小和油流方向

9．液压泵在正常工作条件下，按试验标准规定连续运转的最高压力称为（ ）。

A．实际流量 B．理论流量 C．额定流量

10．在没有泄漏的情况下，根据泵的几何尺寸计算得到的流量称为（ ）。

A．实际流量 B．理论流量 C．额定流量

11．驱动液压泵的电机功率应比液压泵的输出功率大，是因为（ ）。

A．泄漏损失 B．摩擦损失 C．溢流损失 D．前两种损失。

12．齿轮泵多用于（ ）系统，叶片泵多用于（ ）系统，柱塞泵多用于（ ）系统。

A．高压 B．中压 C．低压

13．液压泵的工作压力取决于（ ）。

A．功率 B．流量 C．效率 D．负载

三、判断题

（ ）1．容积式液压泵输油量的大小取决于密封容积的大小。

（ ）2．齿轮泵的吸油口制造比压油口大，是为了减小径向不平衡力。

（ ）3．叶片泵的转子能正反方向旋转。

（ ）4．单作用泵如果反接就可以成为双作用泵。

（ ）5．外啮合齿轮泵中，轮齿不断进入啮合的一侧的油腔是吸油腔。

（ ）6．理论流量是指考虑液压泵泄漏损失时，液压泵在单位时间内实际输出的油液体积。

（ ）7．双作用叶片泵可以做成变量泵。

（ ）8．定子与转子偏心安装，改变偏心距 e 值可改变泵的排量，因此径向柱塞泵可做变量泵使用。

（ ）9．齿轮泵、叶片泵和柱塞泵相比较，柱塞泵最高压力最大，齿轮泵容积

效率最低，双作用叶片泵噪音最小。

（ ）10. 双作用式叶片泵的转子每回转一周，每个密封容积完成两次吸油和压油。

四、简答题

1. 齿轮泵运转时的泄漏途径有哪些？

2. 试述叶片泵的特点。

3. 已知轴向柱塞泵的压力为 p=15 MPa，理论流量 q=330 L/min，设液压泵的总效率为 η=0.9，机械效率为 η_m=0.93。求：泵的实际流量和驱动电机功率。

4. 某液压系统，泵的排量 V=10 mL/r，电机转速 n=1 200 rpm，泵的输出压力 p=3 MPa 泵容积效率 η_v=0.92，总效率 η=0.84，求：

（1）泵的理论流量；

（2）泵的实际流量；

（3）泵的输出功率；

（4）驱动电机功率

5. 某液压泵的转速为 n=950 r/min，排量 V=168 ml/r，在额定压力 p=30 MPa 和同样转速下，测得的实际流量为 150 L/min，额定工况下的总效率为 0.87，求：

（1）泵的理论流量；

（2）泵的容积效率和机械效率；

（3）泵在额定工况下，所需电机驱动功率。

模块 3

液压执行元件　课堂教学笔记记录本

液压缸：

模块 3 答案

液压马达：

模块 3

液压执行元件　思考题与习题

一、填空题

1．液压执行元件有________和________两种类型，这两者不同点在于：________将液压能变成直线运动或摆动的机械能，________将液压能变成连续回转的机械能。

2．液压缸按结构特点的不同可分为________缸、________缸和摆动缸三类。液压缸按其作用方式不同可分为________式和________式两种。

3．________缸和________缸用以实现直线运动，输出推力和速度；________缸用以实现小于 360° 的转动，输出转矩和角速度。

4．活塞式液压缸一般由________、________、缓冲装置、放气装置和________装置等组成。选用液压缸时，首先应考虑活塞杆的________，再根据回路的最高________选用适合的液压缸。

5．两腔同时输入压力油，利用________进行工作的单活塞杆液压缸称为差动液压缸。它可以实现________的工作循环。

6．液压缸常用的密封方法有________和________两种。

7．________式液压缸由两个或多个活塞式液压缸套装而成，可获得很长的工作行程。

二、单项选择题

1．液压缸差动连接工作时，缸的（　　），缸的（　　）。

A．运动速度增加了　　B．输出力增加了

C．运动速度减少了　　D．输出力减少了

2．在某一液压设备中需要一个完成很长工作行程的液压缸，宜采用（　　）

A．单活塞液压缸　　B．双活塞杆液压缸

C．柱塞液压缸　　D．伸缩式液压缸

3．在液压系统的液压缸是（　　）。

A．动力元件　　B．执行元件　　C．控制元件　　D．传动元件

4．在液压传动中，液压缸的（　　）决定于流量。

A．压力　　B．负载　　C．速度　　D．排量

5．将压力能转换为驱动工作部件机械能的能量转换元件是（　　）。

A．动力元件　　B．执行元件　　C．控制元件

6．要求机床工作台往复运动速度相同时，应采用（　　）液压缸。

A．双出杆　　B．差动　　C．柱塞　　D．单叶片摆动

7．单杆活塞液压缸作为差动液压缸使用时，若使其往复速度相等，其活塞直径应为活塞杆直径的（　）倍。

A．0　　B．1　　C．$\sqrt{2}$　　D．$\sqrt{3}$

8．一般单杆油缸在快速缩回时，往往采用（　）。

A．有杆腔回油无杆腔进油　　B．差动连接

C．有杆腔进油无杆腔回油

9．活塞直径为活塞杆直径$\sqrt{2}$倍的单杆液压缸，当两腔同时与压力油相通时，则活塞（　　）。

A．不动　　B．动，速度低于任一腔单独通压力油

C．动，速度高于任一腔单独通压力油

10．不能成为双向变量液压泵的是（　　）。

A．双作用式叶片泵　　B．单作用式叶片泵

C．轴向柱塞泵　　D．径向柱塞泵

三、判断题

（　　）1．液压缸负载的大小决定进入液压缸油液压力的大小。

（　　）2．改变活塞的运动速度，可采用改变油压的方法来实现。

（　　）3．工作机构的运动速度决定于一定时间内，进入液压缸油液容积的多少和液压缸推力的大小。

（　　）4．一般情况下，进入油缸的油压力要低于油泵的输出压力。

（　　）5．如果不考虑液压缸的泄漏，液压缸的运动速度只决定于进入液压缸的流量。

（　　）6．增压液压缸可以不用高压泵而获得比该液压系统中供油泵高的压力。

（ ）7．液压执行元件包含液压缸和液压马达两大类型。

（ ）8．双作用单活塞杆液压缸的活塞，两个方向所获得的推力不相等：工作台做慢速运动时，活塞获得的推力小；工作台做快速运动时，活塞获得的推力大。

（ ）9．为实现工作台的往复运动，可成对地使用柱塞缸。

（ ）10．采用增压缸可以提高系统的局部压力和功率。

四、计算题

1．如计算题 1 图所示，试分别计算图（a）、图（b）中的大活塞杆上的推力和运动速度。

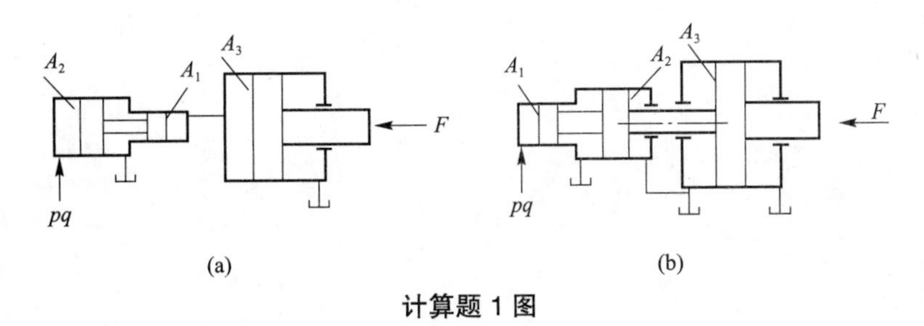

计算题 1 图

2．某一差动液压缸，求在（1）$v_{快进}=v_{快退}$，（2）$v_{快进}=2v_{快退}$两种条件下，活塞面积 A_1 和活塞杆面积 A_2 之比。

3．如计算题 3 图所示，已知 D、活塞杆直径 d、进油压力、进油流量 q，各缸上负载 F 相同，试求活塞 1 和 2 的运动速度 v_1、v_2 和负载 F。

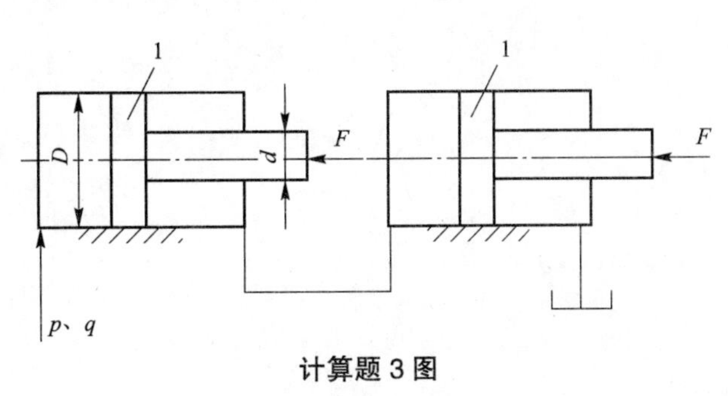

计算题 3 图

4．已知某液压马达的排量 V=250 mL/r，液压马达入口压力为 p_1=10.5 MPa，出口压力 p_2=1.0 MPa，其总效率 η=0.9，容积效率 η_v=0.92，当输入流量 q=22 L/min 时，试求液压马达的实际转速 n 和液压马达的输出转矩 T。

模块 4

方向控制阀和方向控制回路 课堂教学笔记记录本

方向控制阀：

模块 4 答案

方向控制回路：

模块 4

液压方向控制阀和方向控制回路 思考题与习题

一、填空题

1. 根据用途和工作特点的不同，控制阀主要分为三大类________、________、________。

2. 方向控制阀用于控制液压系统中液流的________和________。

3. 换向阀实现液压执行元件及其驱动机构的________、________或变换运动方向。

4. 换向阀处于常态位置时，其各油口的________称为滑阀机能。常用的有________型、________型、________型和________型等。

5. 方向控制阀包括________和________等。

6. 单向阀的作用是使油液只能向________流动。

7. 方向控制回路是指在液压系统中，起控制执行元件的________、________及换向作用的液压基本回路；它包括________回路和________回路。

二、选择题

1. 对三位换向阀的中位机能，缸闭锁，泵不卸载的是（　　）；缸闭锁，泵卸载的是（　　）；缸浮动，泵卸载的是（　　）；缸浮动，泵不卸载的是（　　）；可实现液压缸差动回路的是（　　）。

A. O 型　　B. H 型　　C. Y 型　　D. M 型　　E. P 型

2. 液控单向阀的闭锁回路比用滑阀机能为中间封闭或 PO 连接的换向阀闭锁回路的锁紧效果好，其原因是（　　）。

A. 液控单向阀结构简单

B. 液控单向阀具有良好的密封性

C. 换向阀闭锁回路结构复杂

D. 液控单向阀闭锁回路锁紧时，液压泵可以卸荷

3．用于立式系统中的的换向阀的中位机能为（　　）型。

A．C　　　　B．P　　　　C．Y　　　　D．M

三、判断题

（　　）1．单向阀作背压阀用时，应将其弹簧更换成软弹簧。

（　　）2．手动换向阀是用手动杆操纵阀芯换位的换向阀，分弹簧自动复位和弹簧钢珠定位两种。

（　　）3．电磁换向阀只适用于流量不太大的场合。

（　　）4．液控单向阀控制油口不通压力油时，其作用与单向阀相同。

（　　）5．三位五通阀有三个工作位置，五个油口。

（　　）6．三位换向阀的阀芯未受操纵时，其所处位置上各油口的连通方式就是它的滑阀机能。

四、问答题

1．换向阀在液压系统中起什么作用？通常有哪些类型？

2．什么是换向阀的“位”与“通”？

3．什么是换向阀的“滑阀机能”？

4．单向阀能否作为背压阀使用？

五、绘出下列名称的阀的图形符号

1．单向阀。

2．二位二通常断型电磁换向阀。

3．三位四通常弹簧复位“H”型电磁换向阀。

模块 5

液压压力控制阀和压力控制回路 课堂教学笔记记录本

压力控制阀：

模块 5 答案

压力控制回路：

模块 5

液压压力控制阀和压力控制回路 思考题与习题

一、填空题

1. 在液压系统中，控制________或利用压力的变化来实现某种动作的阀称为压力控制阀。这类阀的共同点是利用作用在阀芯上的液压力和弹簧力相________的原理来工作的。按用途不同，可分________、________、________和压力继电器等。

2. 根据溢流阀在液压系统中所起的作用，溢流阀可作________、________、________和背压阀使用。

3. 先导式溢流阀是由________和________两部分组成，前者控制________，后者控制________。

4. 减压阀主要用来________液压系统中某一分支油路的压力，使之低于液压泵的供油压力，以满足执行机构的需要，并保持基本恒定。减压阀也有________式减压阀和________式减压阀两类，________式减压阀应用较多。

5. 减压阀在________油路、________油路、润滑油路中应用较多。

6. ________阀是利用系统压力变化来控制油路的通断，以实现各执行元件按先后顺序动作的压力阀。

7. 压力继电器是一种将油液的________信号转换成________信号的电液控制元件。

二、判断题

(　　) 1. 溢流阀通常接在液压泵出口的油路上，它的进口压力即系统压力。

(　　) 2. 溢流阀用作系统的限压保护、防止过载的场合，在系统正常工作时，该阀处于常闭状态 。

(　　) 3. 压力控制阀基本特点都是利用油液的压力和弹簧力相平衡的原理来进行工作的。

(　　) 4. 液压传动系统中常用的压力控制阀是单向阀。

（　　）5．溢流阀在系统中作安全阀调定的压力比作调压阀调定的压力大。

（　　）6．减压阀的主要作用是使阀的出口压力低于进口压力且保证进口压力稳定。

（　　）7．利用远程调压阀的远程调压回路，只有在溢流阀的调定压力高于远程调压阀的调定压力时，远程调压阀才能起调压作用。

三、选择题

1．溢流阀的作用是配合泵等，溢出系统中的多余的油液，使系统保持一定的（　　）。

A．压力　　B．流量　　C．流向　　D．清洁度

2．要降低液压系统中某一部分的压力时，一般系统中要配置（　　）。

A．溢流阀　　B．减压阀　　C．节流阀　　D．单向阀

3．（　　）是用来控制液压系统中各元件动作的先后顺序的。

A．顺序阀　　B．节流阀　　C．换向阀

4．在常态下，溢流阀（　　）、减压阀（　　）、顺序阀（　　）。

A．常开　　B．常闭

5．压力控制回路包括（　　）。

A．卸荷回路　　B．锁紧回路　　C．制动回路

6．将先导式溢流阀的远程控制口接了回油箱，将会发生（　　）问题。

A．没有溢流量　　B．进口压力为无穷大

C．进口压力随负载增加而增加　　D．进口压力调不上去

7．液压系统中的工作机构在短时间停止运行，可采用（　　）以达到节省动力损耗、减少液压系统发热、延长泵的使用寿命的目的。

A．调压回路　　B．减压回路　　C．卸荷回路　　D．增压回路

8．为防止立式安装的执行元件及和它连在一起的负载因自重而下滑，常采用（　　）。

A．调压回路　　B．卸荷回路　　C．背压回路　　D．平衡回路

9．液压传动系统中常用的压力控制阀是（　　）。

A．换向阀　　B．溢流阀　　C．液控单向阀

10．一级或多级调压回路的核心控制元件是（　　）。

A．溢流阀　　B．减压阀　　C．压力继电器　　D．顺序阀

11．当减压阀出口压力小于调定值时，（　　）起减压和稳压作用。

A．仍能　　B．不能　　C．不一定能　　D．不减压但稳压

12．卸荷回路（　　）。

A．可节省动力消耗，减少系统发热，延长液压泵寿命

B．可使液压系统获得较低的工作压力

C．不能用换向阀实现卸荷

D．只能用滑阀机能为中间开启型的换向阀

四、问答题

比较溢流阀、减压阀、顺序阀的异同点。

模块 6

流量控制阀和速度控制回路 课堂教学笔记记录本

流量控制阀：

模块 6 答案

速度控制回路：

流量控制阀和速度控制回路 思考题与习题

一、填空题

1．流量控制阀是通过改变阀口通流面积来调节阀口流量，从而控制执行元件运动________的液压控制阀。常用的流量阀有________阀和________阀两种。

2．速度控制回路是研究液压系统的速度________和________问题，常用的速度控制回路有调速回路、________回路、________回路等。

3．节流阀结构简单，体积小，使用方便、成本低。但负载和温度的变化对流量稳定性的影响较________，因此只适用于负载和温度变化不大或速度稳定性要求________的液压系统。

4．调速阀是由定差减压阀和节流阀________组合而成。用定差减压阀来保证可调节流阀前后的压力差不受负载变化的影响，从而使通过节流阀的________保持稳定。

5．速度控制回路的功用是使执行元件获得能满足工作需求的运动________。它包括________回路、________回路、速度换接回路等。

6．节流调速回路是用________泵供油，通过调节流量阀的通流截面积大小来改变进入执行元件的________，从而实现运动速度的调节。

7．容积调速回路是通过改变回路中液压泵或液压马达的________来实现调速的。

二、判断题

（　　）1．使用可调节流阀进行调速时，执行元件的运动速度不受负载变化的影响。

（　　）2．节流阀是最基本的流量控制阀。

（　　）3．流量控制阀基本特点都是利用油液的压力和弹簧力相平衡的原理来进行工作的。

（　　）4．进油节流调速回路比回油节流调速回路运动平稳性好。

（　）5．进油节流调速回路和回油节流调速回路损失的功率都较大，效率都较低。

三、选择题

1．在液压系统中，可用于安全保护的控制阀是（　　）。

A．顺序阀　　B．节流阀　　C．溢流阀

2．调速阀是（　　），单向阀是（　　），减压阀是（　　）。

A．方向控制阀　B．压力控制阀　　C．流量控制阀

3．系统功率不大，负载变化较小，采用的调速回路为（　　）。

A．进油节流　B．旁油节流　　C．回油节流　　D．A 或 C

4．回油节流调速回路（　　）。

A．调速特性与进油节流调速回路不同

B．经节流阀而发热的油液不容易散热

C．广泛应用于功率不大、负载变化较大或运动平衡性要求较高的液压系统

D．串联背压阀可提高运动的平稳性

5．容积节流复合调速回路（　　）。

A．主要由定量泵和调速阀组成　　B．工作稳定、效率较高

C．运动平稳性比节流调速回路差　　D．在较低速度下工作时运动不够稳定

6．调速阀是组合阀，其组成是（　　）。

A．可调节流阀与单向阀串联　　B．定差减压阀与可调节流阀并联

C．定差减压阀与可调节流阀串联　　D．可调节流阀与单向阀并联

四、问答题

1．液压传动系统中实现流量控制的方式有哪几种？采用的关键元件是什么？

2．调速阀为什么能够使执行机构的运动速度稳定？

3．试选择下列问题的答案

（1）在进口节流调速回路中，当外负载变化时，液压泵的工作压力（变化，不变化）；

（2）在出口节流调速回路中，当外负载变化时，液压泵的工作压力（变化，不变化）；

（3）在旁路节流调速回路中，当外负载变化时，液压泵的工作压力（变化，不变化）；

（4）在容积调速回路中，当外负载变化时，液压泵的工作压力（变化，不变化）；

（5）在限压式变量泵与调速阀的容积节流调速回路中，当外负载变化时，液压泵的工作压力（变化，不变化）。

模块 7

液压其他控制阀和其他基本回路 课堂教学笔记记录本

比例阀、插装阀和叠加阀：

模块 7 答案

多缸工作控制回路：

模块 7

液压其他控制阀和其他基本回路思考题与习题

一、填空题

1. 要求运动部件的行程能灵活调整，或动作顺序能较容易地变动的多缸液压系统，应采用的顺序动作回路为________。

2. 电液比例阀简称________，它是一种按输入的电气信号连续地、按比例地对油液的压力、流量或方向进行远距离控制的阀。与普通液压阀相比，其阀芯的运动用________控制，使输出的压力、流量等参数与输入的电流成________，所以可用改变输入电信号的方法对压力、流量、方向进行连续控制。

3. 比例控制阀可分为比例________阀、比例________阀和比例方向阀三大类。

4. 采用比例阀能使液压系统________，所用液压元件数大为________，既能提高液压系统性能参数及控制的适应性，又能明显地提高其控制的自动化程度，它是一种很有发展前途的液压控制元件。

5. ________阀又称为插装式锥阀，是一种较新型的液压元件，它的特点是通流能力________，密封性能好，动作灵敏、结构简单，因而主要用于流量________的系统或对密封性能要求较高的系统。

6. 叠加式液压阀简称________，其阀体本身既是元件又是具有油路通道的连接体，阀体的上、下两面制成连接面。选择同一通径系列的________，叠合在一起用螺栓紧固，即可组成所需的液压传动系统。

7. 叠加阀按功用的不同分为________控制阀、________控制阀和方向控制阀三类，其中方向控制阀仅有单向阀类，主换向阀不属于叠加阀。

8. 叠加阀的工作原理与一般液压阀相同，只是________有所不同。

9. 行程控制顺序动作回路是利用工作部件到达一定位置时，发出讯号来控制液压缸的先后动作顺序，它可以利用________、________阀或顺序缸来实现。

10. 液压系统中，一个油源往往驱动多个液压缸。按照系统要求，这些缸或______

__动作，或________动作，多缸之间要求能避免在压力和流量上的相互干扰。

11．顺序动作回路按其控制方式不同，分为________控制、________控制和时间控制三类，其中________用得较多。

二、判断题

（　　）1．用顺序阀的顺序动作回路，适用于缸很多的液压系统。

（　　）2．几个插装式元件组合组成的复合阀，特别适用于小流量的场合。

（　　）3．叠加式液压系统结构紧凑、体积小、质量轻，安装及装配周期短。

（　　）4．用行程开关控制的顺序动作回路顺序转换时有冲击，可靠性则由电气元件的质量决定。

（　　）5．压力控制的顺序动作回路，主要利用压力继电器或顺序阀来控制顺序动作。

（　　）6．液压缸机械连接的同步回路，宜用于两液压缸负载差别不大的场合。

（　　）7．对于工作进给稳定性要求较高的多缸液压系统，不必采用互不干扰回路。

（　　）8．凡液压系统中有顺序动作回路，则必定有顺序阀。

三、问答题

1．何谓比例阀？比例阀有哪些功用？

2．何谓插装阀？插装阀有哪些功用？

3．何谓叠加阀？叠加阀有何特点？

模块 8

液压辅助元件 课堂教学笔记记录本

蓄能器：

模块 8 答案

滤油器：

油箱：

管路和管接头：

密封装置：

模块 8

液压辅助元件 思考题与习题

一、填空题

1．蓄能器是液压系统中的储能元件，它________多余的液压油液，并在需要时________出来供给系统。

2．蓄能器有________式、________式和充气式三类，常用的是________式。

3．蓄能器的功用是________、________和缓和冲击，吸收压力脉动。

4．滤油器的功用是过滤混在液压油液中的________，降低进入系统中油液的________度，保证系统正常地工作。

5．滤油器在液压系统中的安装位置通常有：要装在泵的________处、泵的油路上、系统的________路上、系统________油路上或单独过滤系统。

6．油箱的功用主要是________油液，此外还起着________油液中热量、________混在油液中的气体、沉淀油液中污物等作用。

7．液压传动中，常用的油管有________管、________管、尼龙管、塑料管、橡胶软管等。

8．常用的管接头有________管接头、________管接头、________管接头和高压软管接头。

二、判断题

（　　）1．在液压系统中，油箱唯一的作用是储油。

（　　）2．滤油器的作用是清除油液中的空气和水分。

（　　）3．油泵进油管路堵塞将使油泵温度升高。

（　　）4．防止液压系统油液污染的唯一方法是采用高质量的油液。

（　　）5．油泵进油管路如果密封不好（有一个小孔），油泵可能吸不上油。

（　　）6．过滤器只能安装在进油路上。

（　　）7．过滤器只能单向使用，即按规定的液流方向安装。

（　　）8．气囊式蓄能器应垂直安装，油口向下。

三、选择题

1．强度高、耐高温、抗腐蚀性强、过滤精度高的精过滤器是（　　）。

A．网式过滤器　B．线隙式过滤器　C．烧结式过滤器　D．纸芯式过滤器

2．过滤器的作用是（　　）。

A．储油、散热　B．连接液压管路　C．保护液压元件　D．指示系统压力

四、问答题

1．简述油箱以及油箱内隔板的功能。

2．滤油器在选择时应注意哪些问题？

3．密封装置有哪些类型？

模块 9

液压系统分析与维护 课堂教学笔记记录本

机械手液压传动系统分析：

模块 9 答案

液压系统故障诊断的方法和步骤：

液压系统的清洗：

操作训练：

模块 9

液压其他控制阀和其他基本回路 课堂教学笔记记录本

问答题

1. 造成数控车床液压传动系统产生爬行现象的原因有哪些？如何排除故障？

2. 简述造成数控车床在工作时油温过高的原因及检修方法。

3. 简述液压传动系统故障分析步骤。

4. 为何要对液压系统进行清洗？如何清洗？

液压传动技术

课堂教学笔记与练习

免费配套资源下载地址
www.bitpress.com.cn

北京理工大学出版社
BEIJING INSTITUTE OF TECHNOLOGY PRESS
通信地址：北京市海淀区中关村南大街5号
邮政编码：100081
电　　话：(010)68948351　82562903
网　　址：http://www.bitpress.com.cn

关注理工职教
获取优质教学资源

北京理工大学出版社
智荟样书系统

定价：36.00元